智策

有智者谋必远，有策者事竟成

中国经济出版社
CHINA ECONOMIC PUBLISHING HOUSE

图书在版编目（CIP）数据

智策 / 刘岩华著 . -- 北京：中国经济出版社，
2024.4
ISBN 978-7-5136-7695-3

Ⅰ . ①智… Ⅱ . ①刘… Ⅲ . ①成功心理 - 通俗读物
Ⅳ . ① B848.4-49

中国国家版本馆 CIP 数据核字（2024）第 055177 号

责任编辑　张梦初　高　鑫
责任印制　马小宾
封面设计　仙　境

出版发行　中国经济出版社
印 刷 者　三河市宏顺兴印刷有限公司
经 销 者　各地新华书店
开　　本　700mm × 1000mm　1/16
印　　张　16
字　　数　150 千字
版　　次　2024 年 4 月第 1 版
印　　次　2024 年 4 月第 1 次
定　　价　59.00 元
广告经营许可证　京西工商广字第 8179 号

中国经济出版社 **网址** http://epc.sinopec.com/epc/ **社址** 北京市东城区安定门外大街 58 号 **邮编** 100011
本版图书如存在印装质量问题，请与本社销售中心联系调换（联系电话：010-57512564）

前言

智策，意为聪明的策略或高明的智略，系谋略、计略或策略的同义语。在不断变化的世界当中，智为识变之本，策为应变之方。人无智则不足以谋良策，无良策则不足以成其事。人们在生产和社会实践中自始至终都离不开智慧、智谋和智策，所以，纵观古今，那些胸有良策、腹有良谋之人，方为怀藏大才之人，方为成就大事之人。

“策”，字典上有多种解释，比如计谋、主意、办法、决策、策划、计策等，本书中的智策一词亦可直接理解为智谋或谋略之意，它是人们用来应对各类事情所必须具备的一种智慧谋划、智慧取舍和智慧决策。治国要有方略，打仗要有谋略，经商要有策略，办事要有方法，方略、谋略、策略、方法都是智，都是策，都是谋。简而言之，智策或谋略，就是人们为达成某个特定目标而作出的思维运筹和智慧贯通。

成事之道在于智策，在于谋略，在于思路。人常说“思路决定出路”，思路创新，黄土变金，思路一变，出路无限。很多时候，有些事情之所以成为难题，成为不易攻克的难关，就在于应对的策略、方法不得当，不对路。如果有了良策，再难的事情也都能得到妥善的解决。问题的关键就在于“智”上，在于“策”上，在于“谋”上，看是否能够酝酿和研究出一个可以有效解决问题的奇谋良策来。

事必有策，然后可成，智高谋远，必成大器。正所谓“精于谋者精于道，疏于谋者疏于成”。大策大成，小策小成，不策不成。所以，凡事定要三思而后行，谋定而后动。谋别人所看不到的、思虑不周的、推算不及的，就会占据竞争优势，就会谋得高明之策，就会走向成功之路。

从本质上看，智策是一种以智取胜的科学手段，是以变制变的高级思维活动，突显了人类智慧在解决问题和实现目标中的重要作用。智策的获得要寻找事物内在隐蔽的规律，广泛采集相关信息，方宜制定和推行。正如《鬼谷子·谋篇》中所言：“凡谋有道，必得其所因，以求其情。审得其情，乃立三仪。三仪者曰上、曰中、曰下。参以立焉，以生奇。”

良策的获得实非易事，需要兼顾多方面因素，考虑多方面利益，调动多方面积极性，平衡多方面关系，再经过一系列的调查、探寻、推理、研究、对比、参验、感悟，方可“灵台一亮悟性开”“千呼万唤始出来”。只有高明的智策和谋略，才能成为解决问题的利器。

人为事之本，事为人之谋。在谋求智策的过程中，一定要充分发挥人的主观能动性，深挖细掘，集思广益，精心运筹，方能让难题迎刃而解，方能化危局为新局。

在充满合作与竞争的社会中，我们需要不断地锤炼自己，努力提高自身运筹帷幄的能力，最终把自己锤炼成为“胸有良策腹有良谋”的大智慧之人。

目录

CONTENTS

第一章　人无智则愚，事无策则废

天下难事，唯智策可解之 \ 003

远虑者安，无虑者危 \ 007

凡事谋则立，不谋则废 \ 011

智者皆明进退之理 \ 015

道无谋不行，谋无道不立 \ 019

大谋大成，小谋小成，不谋不成 \ 023

第二章　三思而后行，谋定而后动

智者谋于未兆，策者慎于未成 \ 029

智策先行，流而不失 \ 033

谋之不远，是用大简 \ 037

谋新思变，行稳致远 \ 040

小事谋名大事用 \ 046

借名成名之策 \ 049
谋先事则昌，事先谋则亡 \ 052
问题为导，“策”随附焉 \ 056

第三章 善弈者谋全局，不善弈者谋一域

善弈者谋势，不善弈者谋子 \ 061
智者见事于未萌 \ 064
明察秋毫，乘势为之 \ 067
破局思维：学会借势和借力 \ 071
对抗是下策，合作是上策 \ 074
智者见利而思远，愚者见利而忘患 \ 079

第四章 精于谋者精于道，疏于策者疏于成

有的放矢，精准打击 \ 085
将计就计，反客为主 \ 090
欲取先予，欲擒先阖 \ 093
稳中求进，先小后大 \ 097
曲中求直，蓄而后发 \ 101
以假乱真，以假诱真 \ 106
避实就虚，曲径通幽 \ 109
阳用其方，阴用其圆 \ 113
智在用间，谋在反间 \ 117
智谋用德，大谋无形 \ 121
低调行事，能而示之不能 \ 124

第五章　成事在天，谋事在人

自我推销的智慧 \ 129
结交生命中的贵人 \ 133
善谋合伙人 \ 136
不交无益之友 \ 140
力拓交际空间 \ 144
精敬于业，乐融于群 \ 147
和他人保持合适的距离 \ 150
让别人觉得自己很重要 \ 154
改变他人之前，先改变自己 \ 158

第六章　智能决谋，以情施策

以情感人，情通事顺 \ 163
动之以情，晓之以理 \ 166
礼尚往来，人情互惠 \ 170
谋得共情，赢得未来 \ 174
推功揽过，修己达人 \ 179

第七章　先求利他，后谋利己

谋人事如谋己事 \ 185
先帮他人谋得成功 \ 189
善于吃亏是大智 \ 193
合则利，争则败 \ 197

舍小利，求长远 \ 200
给别人心中所想 \ 204
满足他人利益需求 \ 209
以可靠的关系作助力 \ 212
在公平的尺度中谋求利己 \ 214

第八章　圣人之道，为而不争

欲成蝶先破茧 \ 219
善争者以不争取胜 \ 222
做一个主动求职者 \ 225
谋得领导的青睐 \ 228
遵循职场规则 \ 231
争取跨入晋升的行列 \ 234
善于捕捉晋升的机会 \ 237
机会青睐有准备的人 \ 240
做一个懂领导的下属 \ 243
自矜其能不如推功于上 \ 246

第一章

人无智则愚，事无策则废

《孙子兵法·始计篇》云：“夫未战而庙算胜者，得算多也；未战而庙算不胜者，得算少也。多算胜，少算不胜，而况于无算乎！”核心思想就是智谋多胜于智谋少，智谋少胜于无智谋。人没有智慧就愚蠢，事情缺少策略就难以成功。

天下难事，唯智策可解之

天下事有难易乎？（天下的事情有困难和容易的区别吗？）

天下之事，自然有难有易。然也，何者为难，何者为易？容易做到和实现的，为易；反之，不容易做到和实现的，为难。难与易，全看是否容易做到和实现。

清代学者彭端淑在《为学一首示子侄》中写道：“天下事有难易乎？为之，则难者亦易矣；不为，则易者亦难矣。”意即，天下之事，只要肯做，困难的事也变得容易；如果不做，容易的事也会变得困难。这告诉我们，事在人为，要想将事情做成就要行动起来。

这样说自然没有问题。不过如果我们深入探究一下这个问题，或者从另一个层面去审视它，会发现这个问题不那么简单，且富有趣味性。

说问题不那么简单，是因为难做的事情绝不仅仅去做了，就变得容易实现了。它有一个非常重要的前提条件，那就是解决问题所采用的策略、方法对路，才可能让问题变得容易解决。

说它富有趣味性，是因为在谋划有效解决问题方法的过程中充满了挑战。

概言之，天下之事，难与易，在很大程度上要看所谋划的解决问题的策略和方法对不对，有效与否，换句话说，天下难事，唯智策可解之。有了智策，事情就容易获得圆满解决；反之，则不容易得到解决。有许多例子可以佐证这个观点。

姜子牙生活在商朝末年纣王统治时期。纣王昏庸无道、管理无方，致使百姓怨声载道，姜子牙虽然是宫中小吏，但位卑未敢忘忧国，他几次三番想规劝纣王悬崖勒马，善待百姓，可是当看到大臣比干等人因直谏而丢掉性命后，他料定商王朝的气数已尽，无可救药了，于是打消了进谏的想法。

当时，隶属商王朝的各诸侯国迅速崛起，西伯侯姬昌（即周文王）暗中招兵买马，招徕贤才，誓必除掉昏君纣王。想有一番作为的姜子牙决意前往投奔姬昌。

为了引起姬昌的注意，获得重用，姜子牙想出一个奇招。他每天来到渭水河边钓鱼。别人钓鱼用弯钩，而他却用直钩，钓线只有三尺长，且不放鱼饵，更为奇特的是，他不将鱼钩沉入水中，而是离水面三尺高。就这样，姜子牙每天高举着鱼钩钓鱼。

姜子牙荒诞的举动终于传到了西伯侯姬昌的耳中。姬昌感到很奇怪，一天终于按捺不住好奇心，亲自来河边看个究竟。经过一番交谈，姬昌赫然发现姜子牙是个胸有韬略的人才，于是恳请姜子牙出山辅佐他。就这样，姜子牙终于以“非常手段”钓到了姬昌这条“大鱼”。

非常事，就要采用非常手段。如果用普通方法就能将问题解决，那么就称不上难事。难事，意味着用普通方法难以奏效，这种情况下，就要用心谋划，想出能解决问题的好办法。

A君和B君首次合伙做生意，可就在A君将一笔巨款交给B君的第二天，B君暴病身亡。A君陷入了两难境地：若开口追款，从情面上说不过去，可是若不提此事，自己这边的局面又难以控制。他思来想去，想到了一个解决的办法。

帮忙料理完后事后，A君这样对B君的妻子说：“没想到哥哥走得这么早，我们的合作才开始，资金我都筹集好了，本想大干一场……这样吧嫂子，哥哥的客户你也认识，你就出面代替哥哥把这笔生意继续做下去吧！需要跑腿的时候尽管和我说，吃苦花力气的事情都由我来，你看困难大吗？”

A君的这席话丝毫没有追款的意思，而且显得豪气冲天，义气感人。其实他明知对方没有能力也没有心思干下去，之所以这样说，用意之一就是巧妙提醒，只不过他把提醒压盖于义气之下，让对方心里十分感动。结果，对方反过来安慰道：“这次出事让你生意受损了，我也没法干下去，你还是把钱拿回去再寻找合适的合伙人吧！”

就这样，A君以退为进，将本来棘手的一件事巧妙地解决了，可谓高明。

无论是《孙子兵法》还是《三十六计》等兵书，都十分推崇谋略，均认为，无策不做事，无策不成事。成事者必善用策。善用者，无坚不摧；不善用者，百事不成。

远虑者安，无虑者危

俗话说“人无远虑，必有近忧”，做事没有长远的考虑，忧患很快就会来到。这方面历史已经给了我们很多经验教训，以下举两个例子说明一下。

范蠡和文种是越国同朝大臣，可是两人同朝不同命。在吴越两国争霸中，越国不敌吴国，为了活命，越王勾践要入吴宫为奴。范蠡陪伴越王勾践在吴国为奴三年，其间忠心耿耿，回国后，又倾全力辅助勾践兴兵复国，待越国击败吴国一雪前耻之后，范蠡却急流勇退，远走高飞，同时给好友文种提出忠告：“飞鸟尽，良弓藏；狡兔死，走狗烹……子何不去？”

是因为范蠡不喜欢荣华富贵吗？多年的辛苦付出终于有了回报，理所应当地享受美好生活，可是范蠡是个非常明智的人，他看出勾践是个能共患难而不能同享福的人，一旦危机解除，就会猜忌周边的人，就会不择手段地除去自己认为有威胁的人。

范蠡正是考虑到这一点，预见到了跟着勾践的隐患，才决定另谋他处。可是作为灭吴的另一功臣文种却因为缺乏这种意识和考虑，没有及时离开，最终落得被赐死的悲惨下场。

王翦是秦王嬴政手下战功赫赫的大将，他率领秦军灭掉晋军，驱走燕军，数破楚军，但嬴政对他疑心重重，怕他对自己不忠心，因而在攻打楚军时曾有意重用将军李信。王翦称病告老还乡。李信在与楚军交战时受挫，无力再战。嬴政只好再度请王翦为帅。王翦率兵出发前，向嬴政请求赏赐许多田宅园池。嬴政不解地问："将军就要出发了，为何如此忧虑贫穷呢？"

王翦说："作为君王的将军，即使有功也不能封侯，所以趁君王信任、重用和偏向我时，我得及时请求点好处为子孙造福。"

嬴政见王翦如此坦诚可爱，放心不少，不由得开怀大笑。到了边关，王翦又几次三番派人回都请求嬴政赏赐良田。有人觉得这样不妥，便问："将军这样做未免不合适吧？"

王翦意味深长地说："看似不合适实则合适，现在倾全国军力而委任于我一人，我不多求田宅为子孙谋基业来巩固自己，而让秦王因此而怀疑我吗？"

不得不说，王翦的深谋远虑是十分必要的。位高权重，功高震主，自然不免引起猜忌，如果不设法消除这种猜忌，早晚有一天会引来灾祸。

很多现代人也具有古人的远见和忧患意识，在危机到来前，他们往往会及时依据情况做出调整和改变，以渡过难关，求得发展。华为公司（全名为华为科技有限公司）创始人任正非就是这种具有远见和忧患意识的人。华为公司最初的业务是代理交换机。虽然是代理，但利润却很丰厚。实际上，在那个时代，不但交换机的代理利润丰厚，其他产品的代理利润同样可观，因此当初很多民营企业都不愿意进行自主研发，毕竟自主研发不但要投入巨额资金，而且有着巨大风险。

随着经济的发展和市场环境的改变，很多实力雄厚的国营单位也进入代理领域，竞争很快变得异常激烈，同时，国家也加大了对进口设备的管控力度，交换机代理的“幸福之路”虽然可以继续“走”，但是能“走”多久却不可知。是继续走代理之路，还是搞自主研发？任正非思谋良久，最终决定舍弃代理，走自主研发之路。

现在来看，任正非的这项决定是非常有先见之明的，虽然当时华为还不具备研发的条件（研发资金短缺；研发人员少，可借鉴参考的有用案例几近于零）。实际上，在代理竞争变得日趋激烈之前，任正非就先一步意识到市场环境已悄然发生了变化，代理不再是“肥肉一块”，至少不会一直是，一方面客户的选择权变大了，另一方面相关政策会随时发生改变，代理之路走着走着可能就走不通了。

正是基于这样的考量，任正非毅然决定开发拥有自主产权的用户交换机，多年以后，研发终于取得了成功，华为公司由此分得了信息和通信红利的“第一杯羹”，并走上了研发的快车道。这不能不说得益于任正非高瞻远瞩的谋划。

诸葛亮在《便宜十六策·阴察》中说：“思者虑远，远虑者安，无虑者危。”人生如下棋，深谋远虑者胜。我们只有立足当下，居高望远，谋定后动，才能在变化中谋得成功。

凡事谋则立，不谋则废

天下之事，谋则立，不谋则废，如同“凡事预则立，不预则废”。

“凡事预则立，不预则废”，强调了事前谋划的重要性，很多事情，特别是一些不容易达成的目标，如果缺乏谋划意识，不具备谋划的能力，不谋划好各个环节，就贸然行事，势必在进程中遭受挫折。反之，在行动前调查清楚相关情况，然后进行周密谋划，再制定出针对性的策略，施行下去，成功的概率就会大大提高。

有位富商新盖了一座别院。别院富丽堂皇，可就是感觉缺少点斯文气息。有人建议富商，弄两幅郑板桥的字画往客厅里一挂，文化气息马上就有了。

富商十分清楚，郑板桥恃才傲物，鄙视权贵，达官显贵想索求书画，哪怕推着装满银子的车来，也会被拒之门外。如果直接去索求或购买，必然会“碰钉子”。

这该如何是好呢？富商派人四处打探郑板桥的生活习惯和爱好，得知郑板桥尤爱就着狗肉喝酒，心里不由一动，琢磨来琢磨去，终于想出一个好主意。

一天，郑板桥像往常一样出来散步，走着走着，忽然听见远处传来悠扬的琴声，曲调甚雅，不觉感到好奇。于是，循声前往探访，发现琴声出自一座宅院。院门虚掩，郑板桥推门而入，眼前的情景让他大感惊讶：庭院内修竹叠翠、奇石林立，空气清新怡人，竹林内一位鹤发童颜的老者正在抚琴，神色怡然。

老者看见郑板桥，停止了抚琴，琴声戛然而止。郑板桥见自己坏了人家兴致，有点不好意思，急忙道歉。老者却毫不在意，热情地邀郑板桥入座。郑板桥爽快入座。两人谈诗论琴，颇为投机。谈兴正浓时，突然飘来一股浓郁的狗肉香气，郑板桥感到很诧异，但口水不知不觉地流了下来。不一会儿，只见仆人捧着一壶酒和一大盆烂熟的狗肉送到他们面前。

一见狗肉，郑板桥的眼睛就“粘”在了上面，老者刚说个“请”字，他连故作推辞的客套话都没说，就迫不及待地吃了起来。

风扫残云般地吃完狗肉，郑板桥才意识到，连人家的尊姓大名都还不晓得，就蹭了人家一顿饭。现在酒足饭饱，总不能就这么一甩袖子走了吧！于是，他对老者说：“今天能与您老邂逅，实在幸会，感谢您的热情款待，无以回报，请您找来纸笔，我画几笔，也算留个纪念吧。”

老者让人找来纸笔。郑板桥画完，问老者的姓名。老者报了一个。郑板桥觉得耳熟，但又想不起来，就在落款处题上“敬赠某某某”。看到老者满意地笑了，这才告辞离去。

第二天，这几幅字画就挂在了富商别院的客厅里。富商请来宾客，共同欣赏。宾客们原以为是富商花高价买来的仿品，但一看落款有富商的名字，这才相信真的是郑板桥赠予的。

消息传开后，郑板桥简直不敢相信自己的耳朵。他又沿着那天散步的路线前去寻访，发现之前喝酒吃狗肉的地方原来是座无人居住的宅院，这才猛然意识到，自己竟然落入人家设好的圈套，但事已至此，悔之晚矣，只得作罢。

我们常说“新官上任三把火”，可要想把这“三把火”烧好并不是一件简单的事。绝大多数情况下，在没有将相关情况了解清楚，并制定好有效的针对性策略之前，是不宜燃这“三把火”的。所以新官上任后，首先应该全面了解所领导和管辖部门的情况，做到心中有数。其次经过综合分析，找出需要改进的地方，再去谋划如何改进，包括制定详细的策略和行动方案。最后再有针对性地去燃这“三把火”，效果就会好许多。

一电器厂因经营管理无方，处于亏损状态。所属集团特聘请了一位有经验的领导。新领导上任后没有急于布置任务，而是深入车间了解情况。一段时间后，新领导连做了三件出人意料的事。第一件事，邀请员工代表会餐。会餐中，新领导提出车间卫生差的问题。很快车间焕然一新。第二件事，新领导约谈工会代表，表示“希望工作得到工会的支持”，工会给予了积极的回应。第三件事，把被解雇的老技工再聘请回来发挥余热，这一要求也顺利实现。三件事过后，该企业很快扭转了竞争不利的局面。

正如上面所说，没有谋划就贸然行动，即便获得成功也属侥幸。很多事，特别是一些复杂的事情，涉及众多环节，一环扣一环，环环相扣，不认真谋划，不制订周密计划，如何能奢望取得一个好的结果？所以，要想获得一个好的结果，一定要做好准备工作，兼顾众多相关信息和因素，然后进行周密谋划。总之，“凡事预则立，不预则废”，事前谋划，即为“预”，事前不谋，即为不预。事前“预”则立，不预即不立。

智者皆明进退之理

从某种程度上说，一个人所能取得的成就，都是自己“创下”的，或者说是“策划出来的”，即便名声不佳，即便起跑线很低，即便不具备优势条件，只要明进退之理，知道何时进、何时退，精心谋划，积极行动，也多半会为自己策划出来一个好的未来。当然这里不是在支持和鼓励人们弄虚作假、颠倒黑白，只是强调谋划的重要性，肯定事在人为的主动价值。

叶卡捷琳娜是俄国历史上最富传奇的女皇。她是俄国皇帝彼得三世的妻子。公元 1762 年 6 月 28 日，她率领青年近卫军，发动宫廷政变，推翻丈夫彼得三世的统治，当上了俄国女皇。一时间全国骂名四起。但富有谋略的叶卡捷琳娜并没有惊慌失措，她知道如何改变局面，如何为自己赢得名声和支持。

当时，俄国社会矛盾尖锐，各地起义此起彼伏；政府财政赤字惊人，军队也疏于管理。叶卡捷琳娜审时度势，深知要想在政坛站稳脚跟，必须笼络人心，为此她事必躬亲，不管是国际问题还是国内问题，她都仔细过问，详细了解，并做出妥善处理。每天早晨5点准时起床，每天工作12小时以上。

叶卡捷琳娜知道，夺取政权依靠贵族，巩固政权也必须依靠贵族。为了改变自己在贵族中的糟糕形象，她将大片土地划归到贵族手中，还赐予贵族巨款和奴仆，这令大小贵族欢欣鼓舞。他们纷纷向新女皇表示，会对其全心拥护、衷心效力。

为解决财政赤字，充实国库，叶卡捷琳娜取缔了某些利益集团的垄断权，同时改革税制，发行公债，成立证券发行银行等。为获得良好的国际形象，叶卡捷琳娜撤回了之前攻打丹麦的军令，并向法、奥等国示意交好，这让她获得了国际好评。

叶卡捷琳娜懂得法语、德语、俄语，读过许多古典名著和当代名流的作品。即位之后，她同伏尔泰、狄德罗等启蒙思想家长期保持信牍往来，听取他们对政治改革的意见，借以实现“君主与哲学家的结合”，以此来抬高自己的政治声望。

由于贫困，狄德罗欲以15000银币出卖自己的藏书。叶卡捷琳娜获知这一消息后立即提出愿以16000银币购得这些珍贵的藏书，并声明只要狄德罗健在，这些书就不会离开他的书房。她说：“我理解爱书的人失去书的痛苦。”此外还每年支付1万银币作为这些图书的管理经费，并预支50年。这种慷慨震惊了欧洲知识界。伏尔泰称女皇为“欧洲的恩人”，是真正的雪中送炭。一些科学家、建筑家、学者、诗人不远千里前来投奔。

此外，叶卡捷琳娜还做了许多让人觉得有道义的事，比如给一位穷苦的老妇人每天送一只宰好洗净的母鸡；与助产妇一起给一位意大利冒险家接生；第一个冒险接种牛痘；筹建弃婴收容站，兴办助产士学校和贵族女子学校；等等。

总之，叶卡捷琳娜把自己塑造成一位开明君主、进步思想的保护人和笃行道义的天使。最终叶卡捷琳娜精心谋划并付诸实施的一切有了回报。几年时间，全国的唾骂声变成了颂扬之声。她为自己的成功谋得了巨大的名声，建立了威望。

人生是个名利场，好名声如同一个人如影随形的宝贵资源，谋得一个好名声，可以说一本万利，能带来许多意想不到的好处和便利，所以值得为此付出巨大的努力。

叶卡捷琳娜可以说是一个智者，在适当的时候做了正确的事，赢得了舆论，赢得了支持，最终力挽狂澜，缔造了一个奇迹。可以说是一个智者“明进”的典范。

举一个“明退”的例子，魏明帝曹叡临死前，叮嘱司马懿和大将军曹睿辅佐好太子曹芳。曹叡死后，魏少帝曹芳少不更事，大权完全落到曹睿和司马懿手中。曹睿是皇族，又手握大权，再加上性格使然，变得飞扬跋扈，目中无人，他处处排挤司马懿，企图独揽大权。司马懿十分清楚自己实力不如曹睿，处于劣势，因此没有与曹睿针锋相对，而是以退为进，称自己身体不适，在家养病，把“舞台”让给曹睿。曹睿也并不好糊弄，三番五次派人探查司马睿是真病还是装病，没想到司马睿技高一筹，“戏”演得很到位，成功骗过了曹睿，让其误以为自己已经病入膏肓，从而放下心来。

这样司马懿得以安全，暗中行事，最终从曹睿手中夺回大权。试想一下，如果司马懿当初不知进退，和曹睿对着干，多半会被无情除掉，历史就会改写。

在该进的时候不进，该退的时候不退，路会越走越窄，最终必然会进入进退无路的可悲境地。《易经》上说：“时止则止，时行则行，动静不失其时，其道光明。”真正的智者是知道适时进退的，并知晓该采用何种方式、何种策略进退，最终为自己赢得一个美好的未来。

道无谋不行，谋无道不立

在这里，“谋”是谋略、策略的意思，“道”是目标、方向的意思。谋略需要遵循一定的方向、朝向一定的目标才能发挥出应有的作用，要不然再高明的谋略也只是空中楼阁；而方向、目标则要依靠谋略去实现。两者相辅相成，缺一不可。

看下面两个例子：

从前，有个商人约了一位朋友进省城做买卖。他身上带了一部分钱财，又与那个朋友把另一部分钱财埋在一个隐秘的地方。出发前，好友说自己生病了，让商人先独自上路，商人没有多想便一人上路了。走到半路，商人遇到劫匪，身上的钱财被抢了。于是，他只好中途返回，直奔他们埋钱的地方，想再取出一些，可是挖开一看，钱不见了。

商人很伤心，等冷静下来转念一想：埋钱的地方只有自己和朋友知道，临行前朋友却说自己生病了，是不是朋友私自拿走了？如果是朋友拿的，直接去问，恐怕对方不会承认。

如果去官府告状，又没有证据，那样反倒打草惊蛇……

商人想了许久，最后想到了一个办法。他先回到自己家里，换了套好衣服，又找来一块布包了一些石头，然后来到朋友家，兴高采烈地对朋友说："我在路上做了笔好买卖，赚了一笔钱，还想把钱埋在咱们之前埋钱的地方，你和我一起去吧。"

那个朋友的确偷了那笔钱，本来不想去，听说商人又赚了许多钱，并且还要埋在原来的地方，便想：如果他回到原来埋钱的地方，会发现钱没有了，这样就不会再埋钱了，自己也就得不到这笔钱了，要想得到这笔钱，只有……

想好后，他笑着对商人说："祝贺你啊！太好了，我和你一起去，不过我现在有点事，你先回家，等我处理完就找你去，然后咱俩一块儿去。"

商人离开后，他这个贪婪的朋友马上带着先前挖出来的钱直奔埋钱的地方，把钱埋好后，又跑到商人家里，说自己的事办完了，可以去埋钱了。

商人拿着那个沉甸甸的包裹和朋友一起出了门。来到埋钱的地方，商人挖出了埋的钱后，把带来的包裹埋了进去，然后一句话没说就走了。朋友有些吃惊，等他再次独自一人来到埋钱的地方，挖出包裹一看，发现里面竟然全是石头。至此，他全明白了，可是已经晚了。

聪明的商人在没有证据的情况下，没有按常规套路出牌，而是利用朋友贪婪的心理，使其相信自己还有更多的钱，结果自动入局，“返还”了偷来的钱。如果当时他选择去问朋友，或者去官府告状，都会因没有证据而失败。

张咏出任益州知州时，听说好友寇准当上了宰相，对下属说：“寇准奇才，惜学术不足尔。”意思是，寇准有大才能，遗憾的是读书不多，致学术欠缺。张咏的这句评价是符合事实的。两人相交多年，张咏自然知道寇准的“底细”。他很想找个机会劝老朋友多读些书，提高一下学识。因为身为宰相，言行关系到国家诸多事务，理应学问更多些。

一次，张咏和寇准碰到了一起。好友相聚格外高兴。畅谈一番后，临分别时，寇准对张咏说：“离别之际，何以教准？”张咏对此早有所考虑，想趁机劝好友多读书，可是又一想，寇准已是堂堂的宰相，一人之下万人之上，不宜直截了当地说学问不足。张咏沉思了一会儿，有了主意，只见他慢条斯理地说了一句：“《霍光列传》不可不读。”寇准不明白好友这句话是什么意思，可是张咏说完这句话后，就告辞离去。

回到家后，寇准赶紧取来《汉书》，翻至《霍光列传》一篇仔细研看。当他读到“光不学亡术，谏于大理”时，恍然大悟，自言自语地说：“此张公谓我矣！”（这大概就是张咏要对我说的话啊！）

原来当年霍光任过大司马、大将军等要职，地位相当于宋朝的宰相，他秉政二十年立有大功，但是居功自傲，不好学习，致事理不明。

张咏没有直截了当地将内心的想法说出来，而是根据实际情况委婉表达。相当于设了一个“局”，然后等好友“自投罗网”。要知道寇准是堂堂的当朝宰相，一人之下万人之上，位高权重。如果张咏直接说：“你呀，学识不足，还是抽空好好读书吧！”相信即便是好友，即便寇准心胸再宽广不介意好友心直口快，但也多半不会获得满意的效果。

有道之谋，乃成功之谋；无道之谋，乃失败之谋。有谋之道，乃有用之道；无谋之道，乃无用之道。道、谋需有机结合，方才相得益彰；道、谋分离，则两两落空。道与谋的统一，是目的与手段的统一。工欲善其事，必先利其器。要想实现目标，好的谋略是必不可少的。

大谋大成，小谋小成，不谋不成

古人说："谋深、虑远，成之因也。"做事情，要有谋略意识，要意识到深谋远虑对事情的达成有着不容忽视的重要作用。谋得深，虑得远，才能更好地兼顾各因素，平衡各关系，才能提高成功的胜算，特别是做一些比较复杂的事情时，更要深思熟虑，高瞻远瞩，计划周密，这样对行动的后果和影响才会有较为准确和清晰的预见，是为"大谋""远谋"。

"战国四公子"之一的孟尝君府中养了数千名食客，其中有一名食客叫冯谖。一次，孟尝君要派人去自己的封地讨债，问谁肯去。冯谖自告奋勇，说自己愿意前往，并进一步请示孟尝君用催讨回来的钱购置些什么东西。孟尝君随口说："就买点我们家没有的东西吧！"

冯谖领命而去。到了封地后，他见当地百姓生活十分穷困，心中似有所悟。当地百姓听说孟尝君的讨债使者来了，脸上均显现痛苦之色。

冯谖召集了封地的居民，对众人说：“孟尝君知道大家生活困难，这次特意派我来告诉大家，以前欠的债一律作废，利息也不用偿还了，我把债券也带来了，今天当着你们的面，我把它烧毁，从今以后，再不催还！”说着，冯谖点起一把火，把债券都烧了。

冯谖回来后，孟尝君问他催讨债钱之事。冯谖告诉孟尝君：不但债钱没讨回，借债的债券也烧了。孟尝君听后有些不高兴。冯谖对他说：“您不是叫我买家中没有的东西回来吗？我已经给您买回来了，这就是‘义’。焚券市义，这对您收归民心是大有好处的啊！”

数年后，孟尝君被人谗谮，罢官回到自己的封地。令孟尝君没有想到的是，封地的百姓听说恩公孟尝君回来了，全城出动，夹道欢迎，纷纷表示永远跟随他，不离不弃。孟尝君甚为感动，此时此刻才体会到冯谖“焚券市义”的良苦用心。

冯谖可谓深谋远虑，在还没有出现任何走下坡路迹象的时候，就谋划了焚券市义，为孟尝君赚得了人心，可谓“大谋”“远谋”。

历史上因谋而大成的例子很多，比如，勾践接受范蠡等人的建议，忍辱负重赴吴国为奴三年，回国后秣马厉兵，最终成功复国。试想一下，如果当时勾践意气用事，不肯屈尊入吴宫为奴，选择与吴国正面硬刚，那么其下场大概率会被吴军歼灭，越国也就不复存在了。

在生死攸关的时刻，大臣范蠡等人着眼未来，忍一时之辱，周密策划，定下复国大计。正是在范蠡等人的长远规划下，勾践放下国君的尊严，前往吴国为奴。在成功回国后，又是在范蠡、文种等人的谋划和辅佐下，一面继续向吴国示弱，一面暗中训练军队、发展经济，实力由此得到增强。羽翼丰满后，抓住机会与吴国开战，最终一雪前耻，击败吴国，成为诸侯霸主，实现逆袭。可以说，没有当初长远的谋划，必不会有日后的辉煌。

举一个“小谋小成”的事例。这是个真实的故事。

故事发生在美国经济大萧条时期，一个17岁女孩好不容易找到在商场卖珠宝的工作。女孩卖力地工作，很珍惜这份来之不易的工作。一天，她急着接电话，碰翻了放珠宝的小碟。碟内六枚价格不菲的钻石戒指滚落到地上。女孩慌忙寻找，可是只找回了五枚，第六枚就像凭空消失似的，怎么也找不到。

女孩很着急，这时，她看见之前站在柜台旁边的一名男子向门口走去。女孩马上意识到丢失的戒指在哪儿了。她脑筋急速运转，就在男子的手将要碰到门把手时，女孩开口了：

“对不起，先生！”男子转过身来，两人相视无言足足有一分钟。

女孩又开口了，她声音柔和，同时脸上神色黯然：“先生，这是我的第一份工作。现在找个事做很难，是不是？”男子久久地注视着她，终于，一丝柔和的微笑浮现在他的脸上。

“是的，的确如此。”他回答，“但是我能肯定，你会在这里干得不错。”停了一下，他向前一步，把手伸给女孩：“我可以为你祝福吗？”

女孩也立刻伸出手，两只手紧紧地握在一起。女孩用低沉的但十分柔和的声音说：“也祝您好运！”握手后，男子转过身，慢慢走向门口。女孩目送着男子的身影消失在门外，然后转身走向柜台，把手中握着的第六枚钻石戒指放回原处。

历史和现实证明，事情真的是“大谋大成，小谋小成，无谋不成”。没有一件好事是天上掉馅饼，无偿给予的，都是人为谋划的结果，都是做了周全的谋划和准备，再付之于努力，最终获得的。没有谋划，万事皆休。

需要注意的是，不是有了“谋划”，就会有好的结果。要“谋得好”“谋得正”“谋得妙”，才可能取得好结果；反之，失之偏颇，则“谋无结果”，甚至会产生负面结果。朱元璋为保朱家江山永固而大杀功臣，不能说朱元璋无谋，相反，还是“大谋”“深谋”，可是由于偏离了方向，导致他的孙子朱允炆登基后急用人的时候无人才可用，最终皇位被叔叔朱棣夺去。这个结果恐怕连朱元璋都始料不及。

《孙子兵法·始计篇》中的“多算胜，少算不胜，而况于无算乎”，道出了“谋”的价值和意义。要想让事情有一个好的结果，就离不开事前的周密谋划。如果真能做到算无遗策，那么成功就会如期而至；反之，万事由天，多半会与成功失之交臂。

第二章

三思而后行，谋定而后动

做好事前的运筹和计划，把准备工作做好，人力、物力、财力调配好，三思而后行，谋定而后动，成功就会如约而至。

智者谋于未兆，策者慎于未成

智者谋于未兆，策者慎于未成。事情在没有发生之前通常是有征兆的，是有蛛丝马迹可循的，这个时候如果能及时发觉这些征兆，并做好相关的准备，对事情的掌控是有极大好处的。有句古语叫“不明察，不能烛私”，意思是，做不到明察秋毫，就无法洞察其隐私，它强调了洞察的意义和作用。人们常说，没有调查就没有发言权，也是在说，发言或行动之前一定要将相关情况调查清楚。只有将相关情况调查清楚了，洞察才有了基础，也才可以进行下一步。

信息是谋划的重要前提，是“谋定而后动”的基础。洞察和调查就是对各种信息的了解和掌握。不掌握信息就贸然行动，最可能的结果就是遭受失败。

一条街道拐角处有一家餐馆。两年来有五个投资者先后经营，但都以失败告终。实际上，失败的原因很简单，这里并不适合开餐馆。一是这条街道附近居住的多是一些普通退休人员，很少出来吃饭。二是这家餐馆位于街道拐角处，必须将车开到前面的十字路口掉头回来，才能停车就餐，很不方便。选址有误，导致投资失败，就是对信息调查不清楚造成的。

东晋大将军王敦去世后，他的兄长王含感到没了依靠，便想去投奔荆州刺史王舒。王含的儿子王应劝说父亲不要去投奔王舒，而去投奔江州刺史王彬。王含训斥道："大将军（指王含的哥哥王敦）生前与王彬有什么交往？投奔他有什么好处？"王应不服气地回辩："王彬实力强大，更重要的是他为人耿直，不趋炎附势。现在看我们时运不济，一定会产生慈悲怜悯之心而善待我们；而王舒一向自私保守，他怎么会善待我们呢？"

王含一意孤行，坚持去投靠了王舒。结果真如王应所言，父子二人被王舒派人推入长江中溺死。反观王彬当初听说王应及其父要来，悄悄准备好了船只在江边等候，但没有等到，后来听说父子二人投靠王舒后惨遭厄运，深深为之感到遗憾。

如此大的事情，不了解清楚就贸然行动，王含最终为自己的愚昧付出了生命的代价。相反，如果事先有了详细的调查，掌握了相关信息，再在此基础上去谋划、去行动，那么结果自然会好许多，即便达不到预想的效果，也不会差太多。

麦迪是纽约一家医药研究机构的负责人。一次，一家保健组织找到他，想和他签订一份医疗服务协议。麦迪没有草率地答应，而是说先考虑一下。

通过调查，麦迪了解到虽然这家保健组织早已经拿到了相关部门颁发的执照，但是却拖到上个月才开业。按照之前的做法，相关部门会把这家保健组织做第一个广告的当天视为该组织获得经营资格的第一天，而这家保健组织要想做第一个广告，则需要和一家医疗机构签订合约。同时，按照另一项规定，这家新开业的保健组织要在12个月内营业，否则，还必须重新申领执照。

了解到这些信息后，麦迪内心有了主意。他没有急于和该保健组织交谈，而是拖到最后两周再去和对方接触。到了最后一周，这家组织的谈判人员周一和周二都试图和麦迪联系，麦迪只是礼节性地和对方聊了聊，并没有深谈。到了周三，这家保健组织负责人不得不对合作条件做出大的让步，麦迪才和对方正式交流，并最终签订了协议。

一家月刊一段时间内陷入困境，管理者把原因归于广告费率过大的问题。但是在耐心对各种数据和事实进行深入调查和分析后，管理者赫然发现：过去的成功是基于某段时间内成功扮演了消息类刊物的角色，现在之所以衰落，是因为本身削弱了消息类信息的比重。市面上各种厚重的月刊已经供过于求，却缺乏轻薄精练的新闻性刊物。也就是说，如果将月刊向轻薄精练的新闻性刊物转化，就可能获得订户的欢迎。

经过讨论研究，管理者决定将月刊打造成以新闻性消息为主要内容的周刊。事实证明了这一谋划的正确性。

没有详细调查的谋划可以说是无源之水、无本之木，是建在河滩上的高楼大厦。历史也证明，每一个重大成功的谋划都建立在周密详细的调查基础之上。那么你有什么理由不去调查而奢望一举成功呢？

智者谋于未兆，策者慎于未成。在事情没有发生，甚至还没有征兆之前，就已然洞察先机，对事情的发展有了较为准确的预估，然后开始谋划、布局，有目的地做一些事，采取一些正确的措施，谨慎行事，就会占据优势。反之，等事情发生了，再去应对，很多时候，已经失去了先机，失去了主动，成为“待宰的羔羊”了。所以，一定要在事情发生之前先行谋划。

智策先行，流而不失

很多事具有突发性，也多不是完全按照自己的意愿而发生的，所以谋略要做到未雨绸缪，防患未然，这样就可以在一定程度上降低意外风险，甚至可以化险为夷。

纵观历史，历朝历代，特别是新朝建立后，对那些拥兵自重、功高震主的功臣，皇帝都心存忌惮，往往为了自身安危和江山社稷，都下狠心除之而后快，比如越王勾践在灭掉吴国后，杀掉了功臣文种；刘邦在统一江山后诛杀了功臣韩信；明太祖朱元璋在明朝建立后大杀那些跟他一起打天下的文臣武将，所以李白说："吾观古来贤达人，功成不退皆殒身！"被杀似乎已成了那些大功臣的宿命，可是也有例外，最具代表性的例子就是唐朝名将郭子仪。

郭子仪是官场有名的"不倒翁"，其功绩、威望鲜有人及，虽历经多次险境却安然无恙，他是如何做到功高震主却又不被猜忌最后得以善终的呢？

作为平定叛乱、收复失地的头号功臣，郭子仪对唐室有再造之功，也由此获得了极高的权力和无人可及的威望。他出将入相儿孙满堂，家族中很多人都被拜为朝廷重臣，据说他做寿时，家人的朝笏堆满了一床。

历经几朝，之所以没有受到像文种、韩信等人的悲惨“待遇”，很重要的一点是郭子仪高瞻远瞩，懂得避险在先。战场上他运筹帷幄决胜千里之外。朝野中，他处事谨慎，见微知著，往往在危机尚未到来之际，就提前做好万全准备。

郭子仪的住所汾阳郡王府从来都是府门大开，任何人都能随便出入。据说有一次一名下属去外地赴任，临行前去跟郭子仪辞行。由于没有人为之通报，就直入府中，正好看到郭子仪正在为妻子和女儿端洗脸水、拿手巾。此事传出去后，朝野内外一片哗然。

郭子仪之所以让府门大开，就是为了减少他人的猜忌，以免自己的政敌和嫉妒之人有了进谗言的机会，而给自己带来无妄之灾，正如他对儿子所说：“今荡荡无间、四门洞开，虽谗毁欲兴，无所加也。”家里来人拜访，郭子仪从不让姬妾刻意回避，也是出于同样的目的。

只有唐德宗的宠臣卢杞前来拜访时，郭子仪才出人意料地让众姬妾退下回避。待卢杞离去后，郭子仪才讲明原因：卢杞貌丑，且为人阴险，担心姬妾忍不住发笑，惹得对方怀恨在心。以其阴险的性格，日后得势，追忆前嫌，必然会报复，那样郭家就会大祸临头。后来卢杞当上了宰相，大权在握，“小忤己，不傅死地不止”，被其栽赃陷害的人很多，唯独没有找郭家的麻烦。这都是郭子仪防备在前，防患未然的结果。

姚崇和张说二人同朝为官，但是两人却面和心不和，明争暗斗了很多年，姚崇病危时，将家人召集到跟前，语重心长地说："我与张说不和，我死后，恐怕他会报复你们。想要平安无事，你们需要按照我说的去做。我死后，他必然要来吊唁，你们事先把我收集的古玩、奇服摆放在灵床前，张说素来喜欢这些东西，如果他喜欢，就送给他，并请他写一篇碑文。碑文写好后，拿给皇帝看，然后请求准许镌刻在墓碑上。几天后，张说必然会醒悟，他会前来索要碑文，到时你们可将镌刻好的墓碑展示给他看，这样你们的安危就有保障了。如果他不看那些东西，那你们的灾祸就要来临了。"

姚崇死后，张说果然前来吊唁，并对摆放在灵床前的古玩、奇服产生了兴趣。姚崇的家人按照姚崇的吩咐，将那些古玩珍宝赠送给张说，并请对方写一篇碑文。张说看在这些珍宝的面子上，为政敌姚崇撰写了一篇歌功颂德的碑文。姚崇的家人第一时间将碑文呈现给玄宗看，随后奏请将碑文镌刻在墓碑上。几天后，张说醒悟过来，派人前来索要碑文，可是为时已晚。为此张说感慨地说："活着时，姚崇胜于我，死了之后也还能算计于我，我的智慧不如他。"

姚崇的高明之处就在于似乎能未卜先知，并提前做好准备，布好局，将危机消弭于无形。他谋划的每一步几乎都"走"在了张说的前面，可以说算无遗漏，让人不得不服。

事实上，很多高明的谋略都是在事情尚未发生前就已制定好，并付诸实施的。很多事情发生了，再想办法去应对、处理，就已经晚了，真的是木已成舟、悔之晚矣。洪水来了，再急着去修筑堤坝，还有多大意义。平时不做好防火措施，火灾发生了，再去布置、落实防火措施，又有何用。所以，一定要“早”字当头，谋划在先。

因为受到种种主客观因素的制约，谋略不可能百分之百做到算无遗漏，只能于不周全中力求周全，于万变中力求不变，不过只要谋划科学，做的准备周全，很大程度上就会疏而不失。

谋之不远，是用大简

事无谋不成，但不代表谋划了，事情就一定能办成，就一定可以取得令人满意的结果，这里面还有对错、时机等问题，如果谋略发生方向性错误，那么极有可能越走离成功越远。

另外，虽然有的谋略从整体上看似没问题，但实际上却潜藏着危机，比如发动的时机不对、计划得不周密、遗漏重要环节等，都可能与成功擦肩而过，所以谋划时一定要慎重、要考虑周全，不要想当然，草率地做出决定，要调查清楚相关的因素和情况，要保证对未来有较为准确的预测，这样方可能获得满意的结果。

西武集团是一家赫赫有名的日本企业，旗下有一百多家大型企业，经营的业务涉及铁路、运输、百货、地产、饮食、教育、研究等多个行业。在领头人堤义明的带领下，西武集团有效地避开了两次较大危机，保存了实力。一次是在日本工业发展走上坡路的时候，很多人认为投资土地是一本万利的绝好生意，再加上东京奥运会刚开过，经济欣欣向荣，很多企业看好土地投资，都开始了买地囤地的战略布局，西武集团很多高层也认为此时投资土地一定能赚大钱，并就此向集团领头人堤义明提出布局地产的建议。

然而堤义明却没有草率地做出决定，而是沉下心来做调查，他通过各种渠道收集了非常多的信息，并潜心研究分析，其中一个重要信息让他认定此时不适宜再投资土地。这个信息来自政府。当时的政府为了防止土地倒买倒卖，决定在合适的时候推出土地税制，以防止地价暴涨。受此信息警示，堤义明思虑良久，最终做出停止投资地产的决定。

在高层会议上，堤义明说："我们做事，要看长远，现在很多企业都在投资土地，这样就会失去平衡，土地投机已经不是什么好的商机了。我知道有一些人不同意退出，这是正常的，如果全体一致同意，那事情反而不妙，因为全体一致的主张往往都有问题，所以从长远考虑，我主张我们退出土地投资，而去投资更长远的目标。"

堤义明的发言引起了集团内很多人的不满，但是不久，事实证明了堤义明的看法和谋略的正确性。在那以后很长一段时间内，由于政府出台政策对土地投资进行各种限制和打击，导致土地供大于求，土地价格暴跌，原先那些囤地的地产商大受其害，有的甚至濒临破产，而西武集团却全身而退，这不能不归功于堤义明高瞻远瞩的眼光和慎重的投资策略。

另一件证明堤义明谋略高明的事情是撤销保龄球生意的

投资。同上次土地投资一样，西武集团高层纷纷认为进一步扩大保龄球场是一桩稳赚不赔的投资，原因有两个：一个是当时保龄球是风行日本的运动，很多企业都投入巨资发展保龄球产业；另一个是西武集团以娱乐产业为主，发展保龄球生意有优势。但是堤义明却不认同这个看法，他综合分析了各种信息，深思熟虑之后做出了停止投资保龄球生意的决定，在公司高层会议上他再一次说道："如果全体意见一致，则说明有问题，现在你们都主张扩大保龄球场的规模，而我则主张收缩，我清楚我的决定是对的，因为有很多有价值的信息支持我的这个决策，这个行业即将迎来衰退期，现在扩大投资必然十分危险。"

果不其然，没过多长时间，保龄球产业就遭遇"滑铁卢"，顾客大量流失，保龄球场所纷纷倒闭，而西武集团则再一次因为堤义明的远谋成功躲过了这次破产灾难。

谋略要远，要努力着眼于大局，要从长远的利益出发，从不同方面、不同角度去衡量、考虑，不能盯着眼前的、局部的利益，也不能让局部的利益损害到整体的利益。

《智囊》中言："谋之不远，是用大简。"意思是，谋略不够深远，就会轻率肤浅，就容易做出错误决定。因此要想获得长远的成功，一要谋略慎重，不要想当然，更不要草率地作决定；二是要尽量往长远了看，宁深毋浅，宁远毋近，要居高望远，考虑周全。

谋新思变，行稳致远

好的谋划不应是一成不变的，而是要随情况和环境的改变而改变。情况、环境发生了变化，原定的策略不适合，或者不能妥善地解决问题，那么就要改变或者舍弃之前的策略，转而谋划新的适合当前情况的策略、办法。

刘邦在平定英布叛乱时，受了箭伤，回到京城长安一病不起。病重期间，闻报昔日的好伙伴燕王卢绾反叛，刘邦遂派大将樊哙领兵平叛。

在樊哙领兵北上之际，有人趁机在刘邦面前说，樊哙手握重兵，一旦反叛，遗患无穷。这提醒了刘邦。樊哙是吕后的亲妹夫，手中握有兵权，吕家一旦谋反，樊哙参与其中，那么刘氏江山就很危险。刘邦越想越怕。他认为只有马上除掉手握兵权的樊哙，危险才可解除，于是他派大臣周勃接替樊哙的职务，派陈平同去取回樊哙的首级。

途中，周勃和陈平仔细琢磨此事，发现事情不像想象中的那样简单。要知道，樊哙是吕后的亲妹夫，本身战功赫赫，又救过刘邦，与刘邦关系非同寻常，如果贸然杀掉樊哙，一是刘邦日后一旦后悔，势必会迁怒于他们；二是现在吕家势力如日中天，刘邦现在病得很重，随时有可能离世，一旦离世，日后吕家也势必问罪于他们，所以无论哪种情况，贸然杀掉樊哙必然会惹来大麻烦。通盘考虑后，周勃和陈平两人决定不杀樊哙，只将其装在囚车里，押送回京城长安，听凭刘邦亲自处置。

在押解樊哙回京城途中，陈平听说刘邦死了，他马上先回到京城，向吕后汇报此事。如他所料想的那样，吕后不但没有因陈平违抗命令而降罪，反而称赞他会办事。

变化恐怕是世上唯一保持不变的东西，世上一切事物都处于变化中。环境在变，环境中的事物也在变，而且是每时每刻都在变。既然这样，对于“变”，我们就不能置若罔闻，至少对于那些不利于我们的“变”，我们不能静等其加诸在我们身上。这很好理解，比如，我们计划明天去山区考察。查看当地的天气预报，发现明天那里可能会降雨。在这种情况下，我们就要改变计划，比如等天气好了再去，如果一定要去，就多做一些准备，如带好雨具、多备些食物和饮用水，和当地的有关部门打好招呼，等等。总之一句话，要以变应变。

综观国内外通信行业的发展，会发现在 2G 网络已不能满足市场和广大用户需求的情况下，国内外很多通信业巨头均把目光投向了3G网络。相较于2G网络，3G网络具有无可比拟的优势，在充分保证各项服务质量的前提下，可以顺畅提供视频电视、手机电话以及高速下载等移动宽带多媒体业务。当时，诺基亚、爱立信等行业大鳄先后投入巨额资金开始相关研发工作。由于投入巨大，加上技术复杂，国内众多设备制造商都望而却步。即便对于当时“尚有余钱”的华为来说，这笔研发费用也是个不小的数额。

任正非是技术人员出身，对新技术十分敏感，他预感到3G时代是不可阻挡的趋势，必将到来。他决意带领华为人积极面对挑战。当时通信有三个标准，分别是CDMA2000、WCDMA和TD-SCDMA标准。由于前景极为不明朗，出于安全的考量，大多数通信设备商都选择了观望，却步不前。越是前景不明朗，越是能显现出谋划者的智慧和风范。凭借多年养成的敏锐嗅觉以及对复杂环境的权衡和评估，在比对了CDMA2000、WCDMA和TD-SCDMA标准之后，任正非决定把大部分资源投入WCDMA的研发领域。虽然这一决定多少带有“赌博”的性质，但更多地蕴含了高明的洞察和睿智。

在研发期间，其他领域涌现了很多宝贵的商机，任正非和他的研发团队抵制住诱惑，心无旁骛，一心攻关3G网络技术，决意做出一些有价值的东西来。

任正非的抉择和坚持最终给华为带来了巨大的成功，在三年时间里，华为取得了近3000项3G专利，成就了华为在3G领域的全球领导地位，为华为的高速发展铺设了一条快车道。

当情况有了变化时，要懂得取舍，要能根据实际情况权衡利弊，重新进行谋划，努力变被动为主动，这就是“谋新思变”。

一偏僻峡谷中挖出了金子，消息一传开，淘金人蜂拥而至，顿时山谷内人来人往，热火朝天。有一人也闻讯前来，可眼前人挤人的景象让他皱起了眉头。他在山谷内转悠了几天，边转悠边琢磨。要想从砂石中漉出金沙，需要大量的水，可峡谷和周边的水却很有限……想到这里，他眼睛一亮，知道自己该如何做了。他急忙返回家，租了几十辆车，组成一个车队。每辆车装满水后，浩浩荡荡开进山谷。

很快，他预想的情况发生了，由于缺少水，淘金人无法继续挖金，只得停了下来。于是他将运来的水高价卖给淘金人。淘金人没有办法只得接受。结果是，淘金人还没见到金子的影子，这个人的钱包就已经鼓了起来。

“谋新思变”的一个重要特点，或者说好处就是可以有效发挥主观能动性，关注事物发展变化，然后根据所掌握的信息，制订计划，提前布局，或查漏补缺，这样就能避免被动，甚至快人一步，进而掌握主动权。

王敦是东晋时的一名权臣，他手下有个叫温峤的官员，为人聪敏，博学善谋。王敦狼子野心，欲起兵叛乱自立。温峤对王敦毕恭毕敬，积极为其出谋划策，逐渐获得了王敦的信任。王敦有个心腹叫钱凤，为人精明，富有韬略。温峤表面上和钱凤走得很近。

在王敦和钱凤积极筹划叛乱期间，丹阳尹出现了空缺。丹阳是通往京城建康的要道，关系京城的安危，地理位置十分重要。温峤知道王敦和钱凤的关系，也知道王敦离不开钱凤，于是便向王敦力荐钱凤去担任丹阳尹。钱凤知道后，反过来推荐温峤担任这个职务。最后，如温峤所料，王敦决定委派自己接任丹阳尹，而这正是他想要的结果。

为了防止自己走后，钱凤醒悟过来再向王敦进言，徒生变故，临上任前，温峤又上演了一出“戏”。在为自己饯行的宴会上，温峤端起酒杯来到钱凤面前，装作酒醉的样子，大剌剌地说：“钱凤，钱大人，我敬酒你不喝，你想怎样……”边说边用力拍打对方。钱凤的脸色立刻变得难看起来。众人见状急忙上前，你一句我一句地将话题岔开。

第二天，温峤来到王敦府中，“满怀悔意”地对王敦说：“都怪我昨天酒后失态，得罪了钱大人，我担心走后，钱大人会在您面前说我的不是……”王敦马上说：“不必过虑，这事我知道了，你放心地去赴任吧！”温峤想说什么，却欲言又止，最后才摇着头离去。

温峤离开后，钱凤果然对王敦说：“温峤与朝廷关系密切，现在这关键时刻，咱们不得不防啊！”因温峤已打了“预防针”，所以王敦听了钱凤的话后，哈哈一笑说：“过虑了，不就是因为那天温峤对你言行有些无礼吗？不至于因这点小事说同僚的坏话嘛！”

由此温峤得以顺利返回京师建康。回到京师后，他马上将王敦、钱凤等人的阴谋悉数告诉晋元帝，晋元帝随即调派兵力，做好应对准备。

变化当前，能把握的只有我们自己。我们要主动谋求改变，力求开阔视野，提高思维格局，顺应实际要求，以变应变，最终赢得人生的胜局。

小事谋名大事用

事情的大与小，是相对而言的，而并非固定的、绝对的，小事往往连着大事。换个角度、换个对象、换个环境，小事可能就是大事。小事虽然看似微不足道，但却属于打基础的工作，因此只有小事谋好了、做好了，方可以谋大事、谋长远，这是事物发展的底层逻辑。

就谋名声来说，某些人谋名的重要目的，就是树立一个“正面”形象，借以获得别人的信任和认可，达到某种目的，获得自己想要的结果。

为掩盖真实目的，他们往往选择在一些“小事”上做文章，通过一些小事获得“先入为主”的印象，进而博取对方的信任，然后趁机行事，最终达到“以小博大”的目的。

石显是西汉元帝时的一名宦官，聪明能干，因善于奉承皇帝和揣测皇帝心事，被委任为中书令。中书令负责传达皇帝的命令，地位很高，权力很大。石显就利用这个机会，排除异己，那些反对他的人都遭到了他的陷害，有的被处死，有的被投进监狱，还有的被逐出朝廷。

石显知道自己得罪了很多人，担心有人在皇帝面前说自己的坏话，就煞费苦心地谋划了一场行动。一次汉元帝派他出宫办事，他动身前对汉元帝说：“今天要去的地方很多，恐怕回来太晚，宫门关了，请皇上下令守门人到时开门让我进来。”汉元帝同意了。这天石显故意拖到很晚才回来。见宫门紧闭，他就大声对守门人说：“我是奉旨出去办事的，皇上允许我晚些回来，快开门！”

过了几天，有人上奏章状告石显假托皇帝命令开宫门，汉元帝笑着把奏章拿给石显看。精于演戏的石显流着泪说：“皇上偏爱我、信任我，大臣们都非常嫉妒，想方设法陷害我。今天这件事幸亏皇上知道真相，不然我浑身是嘴也说不清啊！以后这样的事情肯定还会有，我官小地位低，哪是这些大臣的对手！皇上还是免掉我的中书令吧，让我干些粗活，免得得罪这些大臣，也好多活些日子，多服侍皇上几年吧！”

汉元帝看他说得悲悲切切，十分可怜，就好言好语安慰他，让他放心，还赏了他很多财物。从此，汉元帝更加信任石显，大臣们也不敢轻易说石显的不是了。

石显就这样凭着巧妙安排，“以小博大”，提高了在皇帝心中的形象，巩固了自己的地位。当然，石显的行为有投机取巧的嫌疑，为正道人士所不齿。不过，如果换一个角度看这件事，我们会发现，尽管石显的行为有失道义，但是却不失为一个有效的方法：先在小事谋得一个好名声，博得一个好口碑，树立一个好形象，再利用这个好名声、好口碑，去办更大的事，获取更大的收益。

从一定意义上说，世上没有小事，或者说小事不小。很多时候，把小事、细节处理好了，做好了衔接，也才会把大的事情做好，如果忽视了小事的价值，轻率马虎，就有可能影响整体的完成，所以有必要在小事上下功夫。

小事谋名大事用，利用了人们“想当然”的心理，这也从侧面提醒我们不但不要轻视小事，反而要重视小事，力争把小事做好，利用小事积累下好声誉，树立起好口碑，给人留下好印象，为后续做“大事”打好基础。

借名成名之策

唐代诗人刘禹锡的《陋室铭》云:“山不在高,有仙则名;水不在深,有龙则灵。”意思是:山之所以出名,不在其高低,如果有神仙住在里面,就会成为名山;水之所以灵验,不在其深浅,如果有蛟龙游荡其中,就会成为有灵验的水。这提醒我们,要善于“借名成名”,巧借名人、名物、名地之名,增加自己的名声,进而趁机行事。

从谋略学上看,“借名成名”是一种很有效的策略。关于“借名成名”的妙用,寓言狐假虎威将其诠释得很充分。

一只饿肚子的老虎在森林中寻食,正好看见一只散步的狐狸。老虎自然不客气,一扑而上将狐狸擒住。正当老虎准备大快朵颐的时候,狐狸不慌不忙地开口说话了,它告诉老虎自己是上天派来的王,无论谁吃了它,都将受到上天严厉的惩罚。老虎不信,可是看到狐狸那自信的样子,内心不免犹疑起来。

狡猾的狐狸见老虎迟疑的样子，更加神气起来，指着老虎的鼻子说：“你不信吗？那你现在跟我走一走，看看百兽见了我，是不是都得抱头鼠窜、魂不附体。”老虎想想答应了。于是狐狸神气活现地走在前面，而老虎则小心翼翼地跟在后面。

路上，老虎惊骇地发现，动物们见狐狸和自己过来，都顿时大惊失色，然后慌不择路地四散奔逃。狐狸得意扬扬地回头对老虎说：“你看看吧，百兽见了我，都吓成什么样了！”此时此刻，老虎也胆战心惊起来。它哪里知道动物们怕的不是狐狸，而是自己呀！

狐狸借老虎的威风扬眉吐气，着实风光了一回，在动物面前也有了威名。这就是典型的“借名成名”。

“都一处烧麦馆”是北京闻名遐迩的一个老字号，最早是主营烧饼、炸豆腐、烧酒的小铺。之所以成为百年老字号，相传是因为乾隆皇帝曾在此用餐，因当时营业的只此一家，又因味道独特和服务热情而让乾隆龙颜大悦，吃完回宫后派太监送来一个匾额，上书“都一处”，自此这家名不见经传的小铺远近闻名起来，生意逐渐兴隆。

日常生活中，不乏“借名成名”的事，比如，一个人在朋友圈经常发一些和成功人士的各种聚会照片，久而久之，就会让人认为他也是名成功人士，即便这个人可能是个无业游民。再如，一家公司经常有名人莅临，那么，这家公司也会变得闻名遐迩。在大多数人心里，“与凤凰同飞，必是俊鸟；与虎狼同行，必是猛兽”的观念根深蒂固。

“借名成名”之策，要在“借”字上下功夫，要借得其法，“借”的对象、场合、时机及渠道要适宜。反之，对象、场合、时机、渠道选择不合适，即便做再多的努力也是无用的。

从“借”的对象来看，除了那些有名人光环的各领域专家、学者、流量明星、网红，自己的顶头上司、亲朋故友、同窗好友都是可贵的人脉资源，都是可以“借用”的名人，要善加利用与他们的关系。需要注意的是，“借”的对象不止于人，大平台，有名气的地方、居所，以及新闻事件、物件都可以成为“借名成名”的对象。

“借名成名”是成事的一条捷径，只要动机纯正，借助各种外力提高自己的知名度和办事效果，都是无可厚非的。名与利历来联系紧密，有了名，想要获利，自不是难事。

谋先事则昌，事先谋则亡

谋先事则昌，事先谋则亡。这里的“先”既有“在……之前”的意思，也有“主动”的意思。这句话大致意思，就是依据形势和客观情况在事情发生之前主动谋划策略，这样就会占据先机和优势，进而获得收益。反之，就会陷于被动。

美国有一出版商出版了一本书，长时间卖不出去，很是着急。他将苦恼倾诉给了一个朋友。这个朋友给他出了个主意。这个朋友和总统的秘书是好朋友。他让出版商拿着书去找总统的秘书，让秘书设法让总统给这本书写个评语。

出版商将信将疑地拿着书去见总统的秘书。和对方说明情况后，对方爽快地答应帮忙。秘书将书拿给总统，说有个出版商非常渴望总统先生给做一下点评。总统很忙，就让秘书将书放在桌上，说有时间看一下。之后，秘书去了两趟，催总统给点评一下。总统没时间看，就敷衍地在书上写上“这书不错！”几个字。

秘书将写着总统评语的书拿给出版商。出版商如获至宝，回去后马上以“总统说不错的书”宣传此书，很快积压的书被抢购一空。不久，出版商又出版了一本书，也积压在手中。出版商又委托秘书将书拿给总统做评语。秘书将书拿给了总统。

总统知道出版商上次借用他的名望销售滞销书，很是生气，这次见出版商又想故技重演，决定“报复”一下。他在书上写上“这是我看到过的最糟糕的一本书”。

出版商拿到总统写有“恶劣评语”的书后，非常兴奋，随即打出广告：“总统认为最糟糕的书。”读者出于好奇，竞相购买。很快，出版商积压的书又销售一空。

出版商第三次托秘书将一本书拿给总统做评语。总统吸取了前两次经验，这次既没有给任何点评，也没有说任何话。秘书将情况告诉了出版商，原想出版商会大失所望，没想到对方却非常高兴，紧握秘书的手连连道谢。

没过多久，出版商再次大作广告：“这是本连总统都难以评价的书！”如出版商所预想，读者的好奇心再次被勾起，抢购一空的事情再次发生。

不得不说，出版商和他的朋友是营销高手。他们借助总统的名望炒作，无论总统真心帮助，还是有意使坏，总是能巧妙利用，把产品的名声“炒”火，于绝境中打开光明的大门。

东汉桓帝时，“十常侍”之一的宦官张让把持朝政，一手遮天。巴结他的人很多，那些拿钱买官的人千方百计接近他，以求获得一官半职或获得升迁。

有个叫孟伦的商人知道张让在宫中侍候皇上，家中事务交由一管家负责。孟伦便在这位管家身上做起了文章。他打听好管家经常去哪家酒馆，自己早早在那里等候，伺机接近。也巧，一天管家在这家酒馆吃完饭，忘了带银子。正懊恼之际，孟伦适时出现，代管家付了账。管家很是感激，二人攀谈起来。很快，两人熟络起来。

之后，孟伦在这位管家身上花了不少钱，又是请吃饭，又是请游玩，最后使得这个管家有点过意不去，问孟伦有什么要求。孟伦心中大喜，但不露声色，忙说没有要求，只是交个朋友。管家一再说要表示感谢。孟伦说：“既然这样，若您不为难的话，只希望您当众对我一拜就可以了。”管家见这一要求并不难，当即满口答应。

第三天，孟伦来到张让府前，那些想依附张让的人早已恭候在那里，等候管家开门安排。等了许久，管家才开门见客。众人一拥上前见礼。管家在门阶上见孟伦站在众人身后，便拨开众人，来到孟伦面前，深施一礼，然后把孟伦客客气气地迎进府中。

那些等候的人十分吃惊，心想这位平时眼高于顶的管家对这个人如此客气，这个人肯定不是一般人，与他们想依附的贵人的关系也肯定不一般。所以，那些找管家排不上号的人便转找孟伦，并送来许多财富。对这些人的请求，孟伦一概应允，不出数天，便收下数万钱财。

现代商业中，先将名声“炒”起来，进而获取权益是惯用的手法。许多商家不惜重金大作广告，请明星代言，和有名望的人、公司建立联系，实质上都是采用的这个套路。

无论是“炒”名声，还是做其他事情，都要采用恰当的方法，制定合理的措施，对象、场合、时机都要把握好，该进则进，该退则退，进退有度，拿捏好尺度分寸。更为重要的是，要谋划在先，三思后行，以变应变，这样才能自始至终占据主动，赢得先机。

问题为导，“策”随附焉

谋划的最终目的是妥善解决问题。实际上，人类认识世界和谋划改造世界的过程，就是一个不断发现问题、认识问题和解决问题的过程。所以，将问题当作谋划的方向，让问题指引前进，是重要且必要的，不以问题为导向的谋划必然是混乱的，起不到应有的作用。

瑞士手表享誉世界，曾几乎垄断全世界的手表制造行业，但在20世纪70年代却遭受了一次较大的危机。这次危机差点摧毁了瑞士的手表行业，至今让许多人想起来仍唏嘘不已。

日本手表制造商是这次危机的制造者，他们在参考瑞士手表的基础上生产出了一种跟瑞士手表一样走时精准，但成本却只有瑞士手表十分之一的电子手表。这种手表投放市场后，迅速受到消费者热捧，对瑞士手表造成了极大的威胁。

瑞士手表制造商、销售商随即警觉起来，他们马上行动起来，但最初他们错误地认为是他们的手表质量还不够好，于是决定维持传统的手表设计，然后在质量上更加精益求精。新手表上市后他们提高了售价。可市场并没有得到好转。实际上，瑞士手表制造商、销售商的想法是错误的，他们的销售之所以没有好转，根本不是产品质量原因，他们搞错了问题。

瑞士商人的错误给了日本商人一个更好的商机，他们对手表工艺进行了进一步的改进，制造出当时世界上最薄的手表，这加剧了瑞士手表的危机。

瑞士商人终于意识到了错误，他们开始反思自身，重新审视自己的产品设计，最后决定从产品款式和成本上下功夫。由于有着极为丰厚的技术积淀，一番革新后，他们设计出多款既保持原有设计水准和精确度，同时价位又能为大众市场所接受的手表。这次产品投放市场后，迅速走红，迎来销售狂潮，瑞士手表由此重回市场垄断地位。

无论哪种情况、何种环境，问题都是谋划解决问题的导向，实际上，很多时候，问题不但是我们谋划解决问题的导向，还极有可能是获得发展的契机。把握住这个发展契机，周密谋划，不但可以妥善解决问题，还可能化问题为机遇，带给我们新发展。

多年前，美国西海岸有个码头，来往的商船很多，依靠此码头谋生的工人成千上万。每隔三年，码头工会都会与码头管理层进行一轮劳资谈判。工会要求管理层不要随意裁员，要保证工人工作的机会。为此管理层不得不放弃采用更先进的装卸技术，但是负面问题产生了，由于不采用先进的装卸技术，影响了装卸货的速度，码头的业务开始萎缩，利润也随之缩减。

在新一轮谈判时，管理层把这一问题摆在工会面前，要求工会同意裁员，同时采用先进的装卸技术，以节约成本，增大利润。经过多次谈判，双方最后谋划出一个折中方案，工会取消之前的限定，同意裁减工人，而作为补偿，管理层则要拿出巨额资金赔偿失业工人。

事后再看这件事会发现，这个协定虽然代价巨大，但与长期利益相比却是微不足道的。新营运模式的施行极大地提高了码头装卸货物的能力，工作效率较之前有了大幅的提高，码头业务量由此得到飞速增长，利润也大为增加。而随着码头业务量的攀升，工人工作的机会和待遇变得越来越多、越来越好，可以说是多方获益。

追本溯源，你会发现是当初的问题引发了相应的谋划，最终才产生了双方皆大欢喜的美好局面。由此看来，重视问题，将问题当作谋划的导向，积极从问题中发现契机并利用好，是谋划的重中之重。

第三章

善弈者谋全局，不善弈者谋一域

谋事一定要考虑长远，不能为长远利益考虑的，即便眼下短期谋划成功后来也会落空。正所谓“不谋万世者，不足谋一时；不谋全局者，不足谋一域”。

善弈者谋势，不善弈者谋子

我国近代有一位象棋大师在其《弈林新编》中说“善弈者谋势，不善弈者谋子”。这是对博弈之道的经验性概括。谋局者，一子失着，后势可弥补其所失，并反败为胜，满盘皆活；而谋子者，只在乎眼前一颗棋子之得失，以致左支右绌，顾此失彼，陷于被动。故而高明的棋手与人对弈，总能首先顾全大局，筹谋全盘之大势，攻守有度，进退合宜，最终实现胜券在握。简而言之，这句总结博弈之道的经验之谈，主要向人们强调做事要有大局意识、全局观念。看全局就是要从各个不同的侧面和不同的角度去观察、审视问题，去研究和把握事物发展之大势。

所以，志存高远的人必是那些善谋大势、放眼全局的人，不计较眼前鸡零狗碎的得失才能行稳致远。只有高屋建瓴的视野、战略性的思维和长远的规划，才有助于个人和组织的长足发展。善于布局和设局的人是谋士，懂得借势造势的人则是智者。

有头脑的人做事都会有大局观，通俗地说就是凡事要从长远考虑。大局观事关整体布局与前进方向。所以我们要培养统筹兼顾、放眼全局的系统性思维，学会透过复杂的表象洞察其本质，从而更好地把握和谋划全局，更好地认清和管控大局。这样才能施展鸿业远图，为实现更大的目标而建功立事。

同时大局观还告诉我们，在面对问题和挑战时，不能只顾眼前利益和困扰，而应该着眼于整个局势的发展趋势和长远利益。比如在工作中，我们不能只满足于完成眼前的任务，而应该思考如何提升整个团队的竞争力。只有站在全局的高度，才能更好地规划未来的发展方向，避免盲目决策和短视行为。

善谋大势需要具备理性思考力。我们不能被情绪和偏见所左右，不能被固执和习惯所控制，而应该居高望远，客观审视问题，综合分析问题，科学决策问题。在做出决策之前，我们要充分和广泛地收集信息，系统地整理信息，并广开贤路，博纳雅言，进行充分的论证和专题性研究，避免主观臆断、自以为是和独断专行。所谓理性，不是自我标榜的理性，不是固执己见的理性，不是一意孤行的理性，而是通过集体研究、集思广益的理性，只有这样，才能更好地洞察问题本质，找到解决问题的最佳方法，施加并推行有效的策略。

从工作的角度出发，“谋势”讲的就是谋求驾驭全局的思想和能力，“谋子”则是指目光只盯着眼前，只盯着具体事务的思路和做法，两相比较，谋势者虽运筹帷幄却可决胜千里，成就大业，谋子者目光短浅，急功近利，只能干些鸡毛蒜皮的小事。所以大凡有志之士都能把主要精力放在统筹全局上，做到胸中有大局，眼中有大势，善于从全局出发，站在高处，审视大势所趋的形势，然后牵一域之发而动全局之身。

作为一个谋局者，必须具备清晰的战略思维和全局观念。一是要求我们做事要有宏观视角，要从更高更广的视角看待问题，洞察未来趋势，预判形势变化，做好长期规划。为此要积极关注包括全球经济发展、行业变革、新兴技术等因素，以确保自己的决策始终处于正确的时空背景引领之下。二是做事要善于综合思考。要实现综合思考就必须具备多元视野，并从不同领域广泛采集信息。所以谋局者要将方方面面的因素综合起来，进行全局性分析和系统性决策。不只关注眼前利益，还要考虑长远影响和各种可能性的潜在风险。这样才能够看到问题的本质所在，权衡利弊，找到解决问题的最佳方案。三是要有创新思维。要勇于打破常规思维，挖掘新的机遇和潜力，寻找破局之道，创造出新的竞争优势。对新环境、新市场、新技术、新商业模式保持足够的敏感度，并不断调整战略战术，以适应不断变化的社会发展形势和市场走向。

智者见事于未萌

"捡了芝麻，丢了西瓜"，这种得不偿失的事，在实际生活中并不鲜见。这是因为人有贪心，有时哪怕是一点点微不足道的利益也会割舍不下。正是因为对蝇头小利的贪恋，才导致失去了更大的利益。这就是"谋一域而丢全城"。对此，历史已经给了我们深刻的教训。

虢国与虞国毗邻。晋国想攻打虢国，而进攻虢国必须经过虞国。晋国国君送给虞国国君宝物与骏马，请求虞国国君允许晋国军队通过虞国，从而能顺利攻打虢国。虞国有一位大臣极力反对借路给晋国："我国与虢国毗邻而居，关系十分密切，如果借路给晋国，那么虢国灭亡的同时也将是我国的灭亡之日。请陛下不要接受晋国的礼物。"

可是被宝物蒙蔽双眼的虞国国君却不听大臣的忠告，执意借道给晋国。结果如同那名大臣所猜测的，晋军在灭了虢国之后，回程便攻破虞国，虞国由此灭亡。之前晋国国君赠予虞国国君的宝物又重新回到了晋国国君手里。

虞国国君利令智昏，财迷心窍，置国家安危于不顾，最终落了个人财两空的悲惨结局，可悲可叹。那名苦劝他悬崖勒马的大臣则清晰地预见到了事情的发展，可是又无法左右局势。相较于虞国国君的目光短浅，晋国国君可谓放眼未来，舍小利获大益，舍“一域”而谋全局，格局不可同日而语，结局也就不难猜了。

第二次世界大战后不久，战胜国决定成立一个处理世界事务的国际组织，即联合国。可是围绕联合国总部设立地点，众人意见不一。按理说，联合国总部应设在一座繁华的城市。可是，在任何一座繁华的城市设立这样一个庞大的组织机构都需要大量的资金。对于刚刚成立的联合国来说，这是一个很难解决的问题。

正当各国的首脑焦头烂额、苦于没有解决办法的时候，美国的洛克菲勒家族知道了这个消息，立即出巨资在寸土寸金的纽约买下了一块土地。在人们惊异的目光中，洛克菲勒家族将这块花巨资买下的土地以1美元的价格卖给了联合国。

联合国在得到这块珍贵的地皮后，随即在这块土地上建成了联合国大厦。联合国大厦建起来之后，周围的土地价格立即飙升。很快，洛克菲勒家族也赚得盆满钵满。原来，洛克菲勒家族在购买赠送联合国地皮的同时，买下了它周围的土地。如今联合国大厦周围的土地价格飙升，洛克菲勒家族自然赚翻了。

洛克菲勒家族之所以能够获得丰厚的回报，就是因为家族决策者拥有前瞻性眼光，预见到了后续将要发生的事情，提前布好了局，静等好事到来。

正所谓“智者见事于未萌”，在事情尚未形成“势”之前，就能提前预知，洞悉其发展的方向、趋势，并在此基础上谋划、行动，顺势而动，自然就会取得事半功倍的效果。

小米科技公司创始人雷军说过这样一句调侃的话：“站在风口上，猪也能飞起来。”这句话蕴含着对智者谋事远见的推崇，话虽然有些糙但理不糙。远见者能洞悉事物发展的趋势，进而提前谋划、布局，做好周全准备，在趋势的“风”到来之前站在“风口”等风起，风起后借“势”起飞，实现“大风起兮云飞扬”的豪迈梦想。

明察秋毫，乘势为之

后唐庄宗李存勖在做皇帝之前宵衣旰食，励精图治；做了皇帝之后却沉溺于声色犬马，纵情玩乐。一次他带大队人马到中牟（今河南中牟县东）射猎，在庄稼地里纵马。当地县令实在看不下去便拦马劝阻。庄宗被扫了兴致，大怒，命人将县令拉去斩首。

随同射猎的优伶敬新磨将县令推搡到庄宗马前大声斥责说："你这个中牟县令，难道不知道天子好田猎？为什么还叫百姓种庄稼为皇上纳税？为什么不让田地荒芜等天子来射猎？真是罪该万死！"说罢即请李存勖下令行刑。李存勖虽然无道，但也不愿意在众人面前落下不仁不义的名声，所以他悟出敬新磨的"话中话"后，当即下令释放了县令。

敬新磨很会见"势"行事，如果在李存勖盛怒之下，他替冒犯的县令求情，说些对方本无错、是为民着想的大实话，即便自己为庄宗所宠信，相信此时也不会有什么好果子吃。这一点，敬新磨自然心中有数，于是，他反其道而行之，顺着李存勖的意愿去说，结果成功解救了县令。

势，是一种局面、一种发展中的态势，正所谓大势所趋，很多时候，“势”所形成的力量十分强大，甚至不可阻挡，所以聪明的人做事懂得借助“势”的力量，顺势而为，见“势”行事，而不是逆势而动。

苏秦学业完成后，来到秦国，意图说动秦惠文王武力兼并天下，称帝而治。秦惠文王认为时机还不成熟，因此拒绝了他，于是苏秦转而来游说六国联合起来抗秦，称为“合纵之策”。

当时秦国强而六国弱，苏秦的合纵之策就是将弱国联合起来共同对抗强国，以防止强国的兼并。众人拾柴火焰高，团结力量大，苏秦就是以这个各国诸侯都心知肚明的理由，以他们的切身利益，从不同角度说动他们，建立起“六国联盟”，而自己则被任命为合纵联盟的联盟长，担任六国国相，同时佩带六国相印。

苏秦之所以能成功说服六国诸侯，固然是由于苏秦能说会道，有三寸不烂之舌，但更重要的则是他巧妙借助了当时秦国强而六国弱的客观形势，才最终成功说服六国诸侯化干戈为玉帛，联合起来一致抗秦。如果不是在这样的情形下，任凭苏秦再能说，也多半无济于事。

反观“合纵连横”另一主角张仪的成功，也是借助了当时的“势”。苏秦的合纵之策推行后，给秦国造成了很大的麻烦。张仪入秦后，依据当时的形势，说服秦惠文王，以远交近攻的连横谋略成功瓦解“六国联盟”，秦国由此重新“恢复”活力，最终得以灭掉六国。

不夸张地说，历史上那些大事件，取得大成就者，无不靠“势”才得以成功，武王灭纣、成汤灭夏、李渊灭隋、朱元璋灭元，都是成功借助了当时的“势”。正所谓大势所趋，顺势而为，没有必要的、适当的“势”，要想顺利将事情做成，必然会难上加难，甚至毫无希望，所以善谋者做事都惯于借助“势”的力量。

兵法上说，善用兵者，多善用势。势，能让怯者勇、弱者强。诸葛亮新官上任三把火，烧得曹军胆寒，烧出了刘备的“势”。可以说，无“势”不成事，因此，想做某事，就一定要借助某种有利的“势”。如果缺乏某种想要的“势”，就要想办法营造出这种“势”，然后借“势”成事，是为谋“势”。

谋“势”的要求很高，需要具备多个条件，兼顾多个因素，适时发动，才可能谋“势”成功。不具备必要的条件，时机选择得不合适，施行的时候没有控制好节奏，都可能使谋“势”功亏一篑。

需要注意的是，“势”，不是创造出来的，它原本就存在于事物中，只是想办法将之“引”出来，在“引”之前，需要将相关情况了解清楚，明察秋毫，洞悉里面的规律，然后利用起来。举个例子，我们都知道为推行新法，商鞅煞费苦心。为取信于民，商鞅让人在市场南门立下一根三丈长的木杆，先是宣称若有人能够将其搬到北门就赏十镒黄金。众不信，无人动。商鞅又将赏金提高到五十镒黄金。一人将木杆搬到北门，商鞅立即赏其五十镒黄金，以示没有欺诈。众皆信。后商鞅开始推行法令，终大成。

对于经商人士来说，要想将企业做大做强，就要把握时代大势，了解行业趋势，顺势而为，控对手之势，谋利己之势，借势而兴，方为入势。

破局思维：学会借势和借力

有一个著名的借力理论，我们可称之为“飞猪理论”。这个理论的核心意思是，一旦站在风口上，连猪都能飞起来。说的是大凡成功的人，都善于运用借势和借力的策略，他们善于寻找风口。风口就是机会，正所谓“好风凭借力，送我上青云”。上了青天的人，自然就拥有了更高的眼界、更深的洞见、更大的格局。

任何成功背后都能找到有迹可循的付出和坚持。这种坚持，说到底就是一种蓄势的过程，蓄势的日的就是为了将来能够获得借势和借力的机会。正如庄子所说：“风之积也不厚，则其负大翼也无力。”意思是说，风积蓄得不雄厚，那么它就没有足够的力量托负起其巨大的翅膀。庄子在另一段话里说：“适莽苍者，三餐而反，腹犹果然；适百里者，宿舂粮；适千里者，三月聚粮。”意思是到近郊去的人，晚餐前后就能够返回来，肚子还没饿，不需要干粮充饥；如果要到百里之外去，晚上就要准备第二天上路吃的干粮；如果到千里之外去，则要用三个月的时间来收集粮食以备路上所需。凡是谋划大事而能够取得成功的人，在行动之前，就已经动用大脑智慧将抵达目标的路径提前做好了规划和谋划。如何做才能省力，如何做才能借力，都是他们必须加以考虑和周密研究的课题。

看得清形势，顺应了大势，方可提高施谋用策的空间。有人曾仔细观察过蚂蚁搬家的过程：蚂蚁在“搬家”时，大多数蚂蚁都在卖力地扛起食物奋勇行进，而旁边却总有个别蚂蚁东张西望，不跟大家一起合力工作，研究人员把它们标记为“懒蚂蚁”。但有趣的是，当食物被研究人员拿走时，那些勤奋的蚂蚁们当场就慌了神，四散开去，不知所往了。而“懒蚂蚁”却在这时以其特有的方式发号施令，并带着队伍去寻找新的食物。原来在“懒”的表象下，它们从未停止侦查和思考，它们用特有的智慧带领那些勤奋的蚂蚁解决眼前的或未来的生存问题。这就是研究人员总结的著名的“懒蚂蚁效应”。这个效应充分体现了智慧对于行为的特殊引领作用。

在这个社会上，不懂得用脑考虑问题，不懂得使用智谋和策略，而仅仅是低质量的勤劳和忙碌，只会让人麻木，让人愚拙地生活。我们不能像牛那样只顾低头干活，而忘记抬头看路，忘记考虑道路拐弯时的各种可能性变化。而善于思考的人，善于用智用策用谋的人，会与时俱进，与势共行，关注大环境的变化和业内动态，发现并把握转瞬即逝的机会。

借力的含义包罗广泛，可以是借伯乐的慧眼，展现自己的才华；可以是借优质的平台，发挥更大影响力；可以是借活跃的市场，实现个人的价值。不懂借力的人，很容易把自己困在某个僵局中寸步难行。要知道每个人都有视域盲区以及固定的思维模式和行为习惯。有时候搜肠刮肚都解决不了的问题，被别人稍加点拨可能就会让我们灵台一亮，如梦方醒。

有高人指点，不仅能帮我们拨开层层迷雾，让人茅塞顿开，更会有出其不意的效果。一个好汉三个帮，一个篱笆三个桩。智者，善于求助。懂得借力，才能事半功倍。愚者，拙于硬扛，不懂借力，只能事倍功半。所以当你学会借力时，就离实现目标不远了。

借势和借力需要谋略策划，比如要积极主动地与其他组织或个人建立合作伙伴关系网络，通过合作共赢的方式分享各类资源和信息，促进创新与合作，共同应对市场的挑战。合作伙伴关系可以是同行业的组织合作，也可以是隔行的跨界合作。只有通过各种合作共赢才能有效利用各种资源，包括社会关系资源、技术平台资源和社交媒体资源，等等。特别是在数字化时代，社交媒体和互联网的快速发展，为我们提供了更多的出场机遇和自我展示平台，使得我们可以迅速扩大自己的影响力和视界辐射面。同时，借助先进的技术平台，我们还能够更高效地实现科学管理，并通过发挥和有效利用合作伙伴的优势，壮大我们的羽翼，提高我们的竞争力。

在充满竞争与合作的现代社会，想要脱颖而出并取得成功，必须学会利用一种能够借势而行、借力破局、抢占机遇的黄金思维，这种思维方式可以帮助我们在不断变化的环境中有效应对各种挑战，进而摆脱困局并走向成功。

对抗是下策，合作是上策

我们都知道博弈最好的结局，是将对抗博弈转化为合作博弈，最终实现双方都有所收获的双赢局面。在这过程中，体现了当事人胸怀大局、深谋远虑的格局和智谋。虽然博弈学属于近代的产物，但实际历史上有很多人物在处理问题和解决事情时，都自觉或尝试着去遵循这种博弈谋略，这里以“将相和”为例来说明一下。

蔺相如是战国后期赵国人，原本是赵国宦者令缪贤的门客，在经历了完璧归赵、渑池之会后，被赵王赏识，被拜为上卿，位在大将军廉颇之上。

廉颇战功赫赫，威震诸侯。蔺相如却后来居上，这使廉颇很恼火，他暗自揣摩：我乃赵国大将，身经百战，出生入死，有攻城略地之大功，你蔺相如不过动动三寸不烂之舌，竟位居我之上，实在令人接受不了。为此他当众气愤地说：“我见相如，必辱之。”消息传到蔺相如耳中后，每逢上朝时，为了避免与廉颇照面，他总是称病不往。

有一次蔺相如和门客一起出门，老远就望见廉颇的车队迎面而来，蔺相如连忙让手下人回转车子躲避开。门客见状，对蔺相如说：“我们跟随先生，是因为仰慕先生的高风亮节。现在，您见了廉颇将军就像老鼠看见猫一样，就是一般人这样做也太丢身份了，何况一个身为将相的人呢！连我们跟着先生也觉得丢人。现在请您允许我们离开！”

蔺相如反问道：“你们嫌我胆小，好，那你们说廉将军和秦王相比，哪个更厉害？”门客答道：“自然是秦王更厉害。”蔺相如说：“既是秦王更厉害，我都敢在朝堂上呵斥他，侮辱他的大臣们。我连秦王都不怕，难道却单单怕廉将军吗？我想，强秦不敢发兵攻打赵国，是因为我和廉将军在。如果我们二人争闹起来，势必不能共存。我之所以这样做，是把国家利益放在前头，把个人的事放在后头啊！”

门客们听后，恍然大悟。廉颇知道此事后，深感内疚，上门负荆请罪，与蔺相如结为“刎颈之交”，演出了一幕千古流芳的“将相和”。

蔺相如绝对算得上是位智谋卓绝之人物，看事情解决问题，站得高看得远，他着眼的不是他和廉颇的个人恩怨，而是赵国的国家利益，是生死存亡之大事，看的是全局，而不是个人的荣辱、利益的得失。

上兵伐谋，层次越高的人，越不屑于用武力对抗，不战而屈人之兵，方见境界。在善用谋略的人看来，谋略并不是为了算计别人而生，而是为了保护自己和他人，你好我好大家好，才是真的好，所以合作为上，对抗为下。

富兰克林在还是一名印刷厂老板的时候，被选为宾夕法尼亚州的州务卿。正当他暗自欢喜之际，不料有名议员当众演说，发表对富兰克林不满的言论，使富兰克林的名誉和自尊心受到很大伤害。富兰克林对于这个“敌人”的意外出现，吃惊不小。经过了解后，他知道这名议员在宾夕法尼亚州有一定的影响力，一言一行都有很多人响应。富兰克林知道，这对于他以后的政治生涯来说无疑是一个巨大的障碍。

富兰克林经多方了解，得知反对他的这名议员是古籍爱好者，家里藏有多本非常珍贵的古书。该议员因有这些古书而自以为荣，而很多古书专家对他拥有的古书却不大感兴趣。了解清楚这些后，富兰克林诚恳地向那名议员请求：让他鉴赏一下那些古书。议员为了显示自己是个很有文化品位的人，拥有很多价值不菲的古书，就爽快地答应给富兰克林这个机会。一星期以后，富兰克林给这名议员写了封感谢信，连同借来的书，遣人送还给议员。

在信中，富兰克林对古书的珍贵之处做了充分的肯定，同时提出了自己对古书的看法，并对议员拥有这些书表示祝贺。过了几天，在议会里两人碰了面。那名议员一改过去对富兰克林的敌对态度，转而支持富兰克林的很多主张。更令人没想到的是，这名议员后来成了富兰克林的好朋友，帮助富兰克林渡过了许多难关。

华为公司在国际化初期是依靠“低廉的价格”打开市场的，从实惠的角度来看，五花八门的营销渠道，还有眼花缭乱的宣传广告，都不如低廉的价格更让用户动心，毕竟省下来的钱是真金白银，是“看得见、摸得着”的。因此，在进军海外市场的时候，面对强手如林的竞争态势，华为公司采取的是优质服务加上低廉价格的策略去开拓市场的。

事实证明，华为的低价策略取得了奇效，它如星星之火渐渐让华为在海外竞争激烈的通信行业有了立锥之地，而且生存空间越来越大。就在很多人都猜测华为公司会将低价策略进行到底的时候，华为公司却出人意料地停止了“价格战”，不再以低廉的价格排挤对手，而是选择与当地通信设备商携手合作，共同开发市场，把自身的利益与当地通信设备商的利益捆绑在一起。这个策略的施行一方面避免了对手的报复打击，另一方面又借助当地通信设备商的销售渠道快速占领市场，可以说一举两得。

华为公司的策略表明，打价格战可以，但不能一直打下去，毫无底线地打价格战，只会损害整个行业的利润，破坏市场规则，引起竞争对手的敌视，从而让自己成为“全民公敌”，所以，适当的时候，一定要停止“伤敌一千自损八百”的价格战。

善谋者惯于居高望远，不会轻易为眼前的一时得失所迷惑、所羁绊。他们清楚事物的底层逻辑，明了潜藏问题背后的玄机，慧眼独具，能够“不畏浮云遮望眼，守得云开见月明”。

对抗是下策，合作方是上策。对抗只会消耗自己，削弱自己的实力，合作则会让双方共赢。博弈不代表对抗。所以，在双方没有对抗性分歧的情况下，要谋求合作。即便在某些方面存在对抗，也要存异求同，寻求各种途径和方式化对抗为合作。

智者见利而思远，愚者见利而忘患

下层的谋划者看的是眼前的事，是当前的利益，是一城一池的得与失，而上层的谋划者看的却是以后的事，是未来的利益，是全局的得与失。前者看重的是“事”，谋的是小利，而后者看重的是“势”，谋的是大利。

在元末农民起义中，有三支起义队伍力量较强，首领分别是陈友谅、张士诚和朱元璋。起义队伍一方面和元军鏖战；另一方面相互攻伐，争抢地盘。陈友谅和张士诚联合起来对朱元璋进行夹攻。朱元璋奋起反击。就在双方激战正酣的情况下，另一支起义队伍红巾军遭到元军反击而惨败。红巾军首领刘福通和“小明王”韩林儿退守安丰城。

见有机可乘，张士诚遂派部将吕珍领兵围攻安丰。安丰危急，刘福通派人向朱元璋求救。朱元璋手下都不主张派兵救援，理由很简单也很现实：现在正和陈友谅、张士诚激战，自顾不暇，哪还能分兵救援！另外，“小明王”名义上是韩宋政权的君主，救出来后如何安置？

可是朱元璋认为，正是因为“小明王”身份特殊，对红巾军和百姓的影响力、号召力非同一般，如果将其解救出来，加入自己的阵营，利用其强大的号召力，必然会让自己获得更多人的支持。另外，安丰是应天的屏障，如果安丰失守，自己据守的应天也将暴露在敌人的攻击之下，所以，即便自己也处境艰难，但从长远来看，分兵救援却是利大于弊。

于是朱元璋力排众议，决定分兵北上驰援安丰。待安排妥当后，朱元璋亲自率兵北上，杀退了吕珍，保住了安丰，救出了“小明王”。此后，他打着“小明王”的旗号，做了许多事。

客观地说，虽然“小明王”徒有虚名，但对朱元璋建立大明王朝起到了不小的作用。从中可以看出朱元璋高人一等的眼光和高屋建瓴的谋略能力。

实际上，朱元璋借用“小明王”的旗号行事和东汉末年时曹操挟天子以令诸侯如出一辙。两人看的都不是眼前的利与弊，而是未来的利与弊，也都是拉虎皮扯大旗，借势成事，所以，他们宁愿受一些非议、埋怨，甚至骂名，也要坚持己见，负重前行。

刘邦和项羽的争霸也极好地说明了这一点。项家原本的一手好牌，最终毁在了目光短浅的项羽手里。

公元前 299 年，楚怀王前往武关与秦昭襄王会盟。秦昭襄王背信弃义将楚怀王扣押，逼其割让土地。楚怀王断然拒绝，后客死于秦。楚人悲愤，立下“楚虽三户，亡秦必楚”的豪迈誓言。秦末农民起义时，楚人项羽的叔父项梁竖起反秦大旗，很多楚人纷纷加入。

为了顺应民心，提高号召力，壮大起义队伍，项梁听从谋士范增的建议，立楚怀王的孙子熊心为楚怀王。此后，起义队伍迅速壮大，起义形势迅速好转。楚王与各路起义军将领约定，先入关中灭秦者封王。刘邦在张良、萧何、郦食其等人的帮助下，一路过关斩将、攻城略地。公元前 206 年，刘邦带兵进驻灞上，秦王子婴无奈出城投降，秦王朝就此灭亡。

随后，项羽率大军也赶至秦都。面对实力远胜于己的项羽，刘邦委曲求全，承认项羽的霸主地位，自己甘居人后。项羽要将关中之地封给秦降将章邯，可是楚怀王坚持要遵照“先入关者为王”的约定，就是让刘邦做关中王。项羽大怒，自封西楚霸王，将关中之地封给章邯、董翳、司马欣三人。之后，出于对楚怀王的不满，项羽派人将其除掉。

项羽杀楚怀王，主要出于私人泄愤，而没有从政治层面考虑此事。楚怀王虽然不是举足轻重的人物，但却具有特殊的身份地位，是各路义军拥戴的共主，项羽却因个人恩怨将其除掉，自然就失去了众多追随者，由此可以看出，项羽意气用事，缺乏政治谋略。

项羽杀义帝泄私愤，而刘邦却以此大做文章。当刘邦听说怀王被杀后，脱光了衣服大哭，随后为义帝发丧，全军上下披麻戴孝，哀恸三天，仪式感满满，同时还派人通告各路诸侯，自己将举义兵讨伐项羽，为义帝报仇。

刘邦此举获得了各路诸侯的响应和支持，矛头纷纷指向了项羽。项羽本想除掉小麻烦，没想到却惹来了大麻烦，掉进了刘邦的“局”中，无法动弹。

第四章

精于谋者精于道，疏于策者疏于成

“道”是世间一切事物的原理、原则、规律，不为人的意识所左右，是不可违背的。要想使自己的计谋无懈可击，获得满意的结果，只有依循“道”、发扬“道”。

有的放矢，精准打击

办法和手段具有针对性才会起到应有的作用，发挥出应有的效果，正所谓“对症下药”。好与坏、对与错、美与丑，有用还是无用，都要有针对的对象。离开针对性谈好坏、对错，都是毫无意义的。

熟悉历史的人可能都知道“两桃杀三士”的故事，故事大意是这样的：

春秋时期，齐国有田开疆、古冶子、公孙捷三勇士，深得齐景公的宠爱。三人结拜为兄弟，自诩“齐国三杰”。但他们挟功恃宠，目中无人，甚至和齐景公也以“你我”相称。奸臣陈无宇、梁邱据等乘机收买他们，阴谋夺取政权。

相国晏婴眼见这股恶势力逐渐壮大，恐其危害国家，决心将之铲除。他明白奸党依仗的是武力，而“三勇士”则是武力的核心，于是几次想把三人除掉，可是他们正得圣宠，如果直接行动，齐景公肯定会加以阻挠，反而会弄巧成拙，于是，晏婴决定寻找良机再动手。

有一天，邻邦君主鲁昭公带了大臣叔孙来访。齐景公设宴款待，并下令文武官员全体列席，以壮威仪。田开疆、古冶子、公孙捷三人也陪侍在侧。

酒过三巡，晏婴上前奏请，说："眼下御园里的金桃熟了，难得有此盛会，可否摘来宴客？"齐景公慨然应允，并马上派人去摘取，晏婴说："金桃是难得的仙果，必须我亲自去监摘，这才显得庄重。"

很快，金桃摘了回来，每个有碗口般大，香浓红艳，十分可人。齐景公问："只有这么几个吗？"晏婴答："树上还有三四个未成熟，只可摘六个！"

两位君主各拿一个吃，吃后交口称赞。齐景公乘兴对叔孙说："仙桃是难得之物，叔孙大夫贤名远播，有功于邦交，赏赐你一个吧！"

叔孙马上回复："我哪里及得上贵国的晏相国呢，仙桃应该给他才对！"齐景公便说："既然你们相让，就各赏赐一个！"

盘里只剩下两个金桃了，晏婴复请示景公，传谕两旁文武官员，让各人自报功绩，功高者得食此桃。勇士公孙捷挺身而出，说："从前我跟主公在桐山打猎，亲手打死一只吊睛白额虎，解主公之围，这功劳大不大呢？"

晏婴说："擎天保驾之功，应该受赐！"

公孙捷很快把金桃咽下肚，随后傲气地睥睨左右。古冶子不服地说："打虎有什么了不起，我在黄河的惊涛骇浪中，浮沉九里，斩骄龟之头，救主上性命，你看这功劳怎样？"

齐景公说："真是难得，若非将军，一船人都要溺死！把金桃和酒赐给他。"这样，古冶子也吃了金桃。另一位勇士田开疆急了，说道："我奉命去攻打徐国，俘虏五百多人，逼徐国纳土投降，上表朝贡，威震邻邦，为国家奠定盟主地位。这算不算大功劳？该不该受赐？"

晏婴立刻回奏齐景公说："田将军的功劳，确比公孙捷和古冶子两位将军的大，但可惜金桃已赏赐完了，可否先赐一杯酒，待金桃熟时再补？"

齐景公安慰田开疆说："田将军！你的功劳最大，可惜你说得太迟，需等后院金桃……"

田开疆听不下去，按剑大嚷："斩龟打虎，有什么了不起？我为国家跋涉千里，血战功成，反受冷落，在两位国君和众大臣面前受辱，被人耻笑，还有什么颜面立于朝堂之上？"说完拔剑自刎而死。公孙捷大吃一惊，亦拔剑而出，说："我们功小而得到赏赐，田将军功大，反而吃不着金桃，于情于理，绝对说不过去！"说完手起剑落，也自杀了。

随后古冶子也跳出来，激动地说："我们三人是结拜兄弟，誓同生死，今两人已亡，我又岂可独生？"话刚说完，也拔剑自杀，齐景公急忙制止，可是已经来不及了。就这样，晏婴巧妙地利用矛盾和三人骄狂的性格将三人除掉，成功消除了危害国家的隐患。

18世纪80年代，为了开发大洋洲，英国政府决定将量刑完毕的囚犯运往大洋洲，这样既解决了英国监狱人满为患的问题，又给大洋洲输送了大量的廉价劳动力。

运送犯人的工作承包给了一些私人船主。一开始，英国政府以上船的囚犯人数来支付船主费用。船主们为了牟取暴利，用破旧的改装货船运送囚犯。船上设施简陋不堪，卫生条件极差，犯人死亡率非常高。一旦船只离开了岸，船主按照人头数拿到了费用，对于这些犯人能否活着到达大洋洲就不管不顾了。

居高不下的死亡率，不仅在经济上造成了巨大损失，也引起了社会各界人士的强烈谴责。英国政府在这个问题上纠结了多年，想了很多解决的办法。

最初，英国政府往每艘船上派一名监督官员和一名医生，同时还对犯人在船上的生活标准做了硬性规定。但是，犯人的死亡率并没有降下来，有些船上的监督官员和随船医生也不明不白地死了。原来是一些船主贪图暴利而贿赂监督官员和随船医生，一些坚持正义的官员、医生不肯就范，便被无情地扔到大海里喂鱼去了。

相关部门不得不采取新的办法。船主们被召集起来开会，工作人员告诫他们要爱惜囚犯生命，要理解政府运送犯人到大洋洲是国家的长远大计，事关每个人的切身利益，但情况没有任何好转，犯人死亡率仍然居高不下。

终于一位议员想出了一个好办法，他说：“现在，我们给予船主们的报酬是按照上船囚犯人数来计算的，而不是按照平安到达的囚犯人数来计算的。如果我们按照平安到达的囚犯人数来支付报酬，而不是按照上船人数来计算，就会避免这种糟糕的局面。”

果然按到达人数付费后，事情很快有了可喜的变化。船主们主动请医生跟船，主动改善随船犯人的生活条件，尽可能让每一个上船的囚犯平安抵达目的地。

所以，设计用谋，都要有针对性，要兼顾对象、时间、时机、环境、适用性，以及其他相关因素，考虑它们的特征、效力、作用，还有发展变化的趋势，在此基础上有的放矢，选择薄弱环节突破，才会有效果、才能真正解决问题。

将计就计，反客为主

将计就计和反客为主，是一种在对己不利的情况下，针对客观实际，采取有效措施，化被动为主动的策略。谋划和施用这个策略的关键之处是要“利用”好对方的计谋。

看下面三个小例子：

某人牙痛，前去医院拔牙。医生技术娴熟，很快就把牙拔掉了。病人虽然觉得医生的技术不错，但是又觉得就这么一小会儿工夫就被他赚走了60元，有点耿耿于怀，于是揶揄地对医生说：“你们牙医真会赚钱啊，只用了10秒钟就赚了60元。”

医生并没有直接反驳对方，只是说：“你要是愿意的话，另外一颗牙，我可以慢慢地给你拔。”病人一听这话，连连说道：“不，不，不，还是请快点给我拔吧！”

虽然是个小笑话，可是却也能给我们一些启迪。面对有怨气的患者，医生没有从正面与其讲道理，而是将计就计，顺着对方提出来的10秒钟的话茬接着往下说，答应接下来不会那么快了。这就很轻易地将了对方一军，化被动为主动，使自己处于主动的地位。

明朝有个县的学正很亲民，常到管辖的书院找学生聊天。一次他在书院和一个姓汤的学生闲聊。姓汤的学生说："都说您聪明，我们现在在室内，您有办法让我主动出去吗？"学正想了想说："现在外面风很大，你肯定不愿意出去，如果你在屋外，我却可以屋里暖和为诱饵，或者其他理由，诱惑你主动回到屋内。"姓汤的学生想，只要我不回来，即便你再引诱，也是无用的。于是走出门外，对学正说："现在我出来了，看您怎么让我回去吧！"学正哈哈大笑说："你已经输了。"姓汤的学生随即回过味来，不由得低下了头。

《三国演义》中有这样一个桥段：

三国时期，曹操亲率大军陈列赤壁，与孙权和刘备的联军隔江对峙。由于曹操的将士多是北方人士，不习水战，幸得荆州降将蔡瑁、张允熟悉水战。曹操拜二人为水军都督，统领三军将士，曹军水战能力由此攀升。东吴大都督周瑜知道二人谙习水战之法，欲除之而后快。正在踌躇无计可施之际，曹操派了周瑜的同学蒋干过江，名义上是拜访老友，实际上是想说服周瑜投降，同时借此探查孙刘联军的情况。

周瑜见老同学蒋干突然造访，心知蹊跷，略一盘算就猜到了蒋干来此的真实目的。他心生一计，决定将计就计，借助蒋干除掉熟悉水战的蔡瑁、张允。想好后，当天晚上周瑜热情款待了蒋干，席间，周瑜装作喝得伶仃大醉，提出和蒋干“同榻而眠”。晚上休息的时候，周瑜鼾声如雷，蒋干却辗转难眠。见残灯尚明，蒋干起身，忽见桌上一叠公文，近前一看，发现是来往书信，其中有一封是周瑜写给曹操水军都督蔡瑁和张允的。

蒋干打开一看，惊悉蔡瑁和张允与周瑜暗中勾结，欲对曹操不利。蒋干急忙将密信藏于衣内，然后溜回床上假装睡觉。

尚未天明，满腹心事的蒋干就爬起来，偷偷溜回江北的曹营。见到曹操后，自以为得计的蒋干将偷回来的书信呈献给曹操。曹操看后大怒，立即下令将蔡瑁、张允斩首示众。待斩了二人后，曹操才猛然醒悟说：“吾中计矣！”可是为时已晚，蔡瑁、张允已殒命尘埃。

周瑜将计就计，布好陷阱，请君入瓮，猎物也如他所愿，成功被套路掉进坑里。可以说，蒋干如同上天赐给周瑜的一枚绝佳“棋子”，与其说是周瑜配合蒋干演戏，还不如说是蒋干配合周瑜演戏。经此一计，周瑜反客为主，化被动为主动，赢得了对敌的优势。

从《孙子兵法》“上兵伐谋”的角度来看，将计就计是上策，是谋略的胜利，强调的是化被动为主动，化不利为有利，最终反客为主。此谋略的核心在于如何在不利己的情况下，利用客观条件和自身优势，采取适当的策略，扭转不利的局面和形式，化被动为主动，实现逆袭。

欲取先予，欲捭先阖

捭阖之术是传奇人物鬼谷子的谋略思想。捭，有开启、拨动之意；阖，是闭合、隐藏的意思。捭阖包括了开合、阴阳、刚柔、进退、舍得等多方面的含义。捭阖之术就是关于事物刚柔、进退、阴阳的开合之道，是事物运动、变化、发展的重要规律。

欲取先予，欲捭先阖，简单来说，就是想要获取先要给予，想要开启先要闭合，体现了一种变通、转化的智慧，从谋略学来看，是一种以退为进的高明策略。

某城郊外，有块闲置多年没利用的荒地，一天，土地所有者找到当地政府部门，说："我这块地不要钱，给你们盖所大学如何？"当地政府欣然接受他的建议，并马上调拨资金，组织施工，一年多的时间建起了一所颇具规模的高等学府。

有学校就有学生，有学生就要消费。这块地的所有者因赠地建校的义举，轻松地取得了政府支持，在学校附近建起了公寓、饭店、商场、影剧院等，形成了一条商业街。只用一年多时间，赠送土地的损失就赚了回来。

如上面所说，这个谋略的高明之处在于以退为进，在对手强悍或者全方位的“保护”之下，没有采取“正面强攻”，而是以退为进、委曲求全，以看似吃亏的方式讨好对方，然后在时机成熟的时候“发动攻势”，最终不费多大周折取得胜利。

在面对实力强大的对手时，此策略尤为适用。运用得好，会收到四两拨千斤的神奇效果。《史记》中记载了“优孟谏葬马”的故事。这个故事就很好地说明了这个谋略的神奇作用。

楚庄王喜欢马，喜欢到了痴狂的程度。他给自己的爱马穿上华衣锦服，将马房装饰得富丽堂皇，如宫殿一般，每天用美味食物喂养它。有一天，他最喜欢的一匹马因过度肥胖死了。楚庄王十分悲痛，他准备用精美的棺椁盛殓爱马，以葬大夫的礼仪安葬，同时下令群臣为爱马致哀。很多人都觉不妥，纷纷劝阻。楚庄王十分生气，下令：“谁再敢进谏劝阻，死罪！”

于是群臣不敢再进言。艺人优孟听说后，大哭着走进宫殿。楚庄王很奇怪，就问他为何如此伤心。优孟回答道：“您的爱马死了，凭咱们楚国强大的实力，按照大夫的礼仪安葬，让人笑话，我建议按照君主的礼仪安葬，这样才能显示出我堂堂楚国的强大。”庄王问：“那具体如何做呢？”优孟说：

“用带有花纹的美玉做内棺，用贵重的梓木做外椁，让士兵挖墓穴，让百姓挑土，再令各国使臣鸣锣开道、举幡招魂，再建造一座豪华的祠堂……这样天下人就都知道大王您把人看得很轻，把马看得很重啊！”

庄王此时已经知道优孟说这番话的用意了，他没有大怒，而是问道：“我的过错已经如此严重了吗？那按照你的意见，该怎么办才好呢？”

优孟从容地回答道：“这事好办，用对六畜的办法来处理就可以，我建议，用灶做外椁，用铜鬲为棺，葱姜调味，再放些大料……把它葬在人的肚子里。”庄王听从了优孟的劝谏，派人将死马交给膳食官，让其按照优孟的话去做。

优孟深知要是他也像其他人那样直接上来就劝说楚庄王停止愚蠢的行为，那等待他的极有可能是残酷的刑罚。正面劝说的条件不具备，就只有变通一下，于是他反着来，先顺着对方的意愿进行反面进谏，待出现明显的矛盾时，再一步步转回来，最终达到目的。

天下没有免费的午餐，当你有所需求时，先去想想对方需要什么，很多时候，满足了对方的需求，你的需求也自然会得到满足。心理学上有一个概念，叫“自重感”，简单来说就是让一个人觉得自己很重要，是一种对自我的认可与热爱。你可以用一支手枪顶在一个人的胸口，让他乖乖交出他的钱包；你也可以用鞭笞、恫吓，让一个小孩子听你的话行事。但这些粗暴手段的弊端，一定远大于你一时得到的满足。让一个人心甘情愿做事的唯一办法，就是适时满足他的自重感，给他所需要的，然后择机索取你所需要的。

所以，实力弱的时候，条件不具备的时候，环境不允许的时候，以及能力不够的时候，不妨“退却”一步，等条件具备了，时机到来了，实力强大了，再适时提出要求，这样成功的概率就会大大提高。也就是“欲取先予，欲擒先阖”。

稳中求进，先小后大

美国心理学家曾做过这样一个实验：他们派人随机访问一组家庭主妇，请她们在一份“安全驾驶”的请愿书上签字，她们愉快地接受了。

过了一段时间，他们再次访问这组家庭主妇，希望她们将一块写着“谨慎驾驶”的大招牌放在自家庭院里，结果有55%的家庭主妇同意了。

与此同时，他们又随机询问了另一组家庭主妇，直接提出将那块同样大的招牌放到她们的庭院里，结果只有17%的家庭主妇同意。

心理学家将这种现象称为“登门槛效应”，又称“得寸进尺效应”。它指的是一个人一旦接受了他人一个微不足道的要求后，为避免认知上的不协调，或想给人以前后一致的印象，就有可能接受对方更高的要求。实验中第一组家庭主妇，为了保持自己“关心交通安全”的形象，才会进一步接受在她们的庭院里竖起那块粗笨难看的牌子的要求。

心理学家进一步指出，当你对他人提出一个非常简单的要求时，对方通常难以拒绝，因为他们担心被认为不通人情。当这个小要求被接受后，你再去提出更高的要求，一般也就更容易被对方接受。其中的原因在于，人在接受一个请求后，对于更大的请求往往不会觉得那么困难，或是不好意思再拒绝——因为他担心拒绝很可能破坏他最初建立起来的温和形象。

一位女记者要去采访一位重要人物，想请他就海洋动物保护问题发表15分钟的电视讲话。但这位大人物非常忙，如果直接提出占用他15分钟的时间讲话，极有可能遭到拒绝。于是这名女记者巧妙运用了“登门槛效应”。

女记者先给那位大人物打了个电话：“您好，我是×××电视台记者××，很抱歉打扰您。我们想请您就海洋动物的保护问题谈谈看法，只要3分钟就够了。听说您每天下午四点都会准时去散步。如果可以的话，我想是不是可以在今天下午的这个时间去拜访您？”

大人物稍犹豫了一下，随即痛快地答应了。女记者如约前往，采访在当日下午四点准时进行。当女记者结束采访离开时，时间已经过去了二十多分钟。也就是说，这位重要人物接受女记者采访的时间由三分钟延长到了二十多分钟！

这从侧面提醒我们，在面对不易达成的目标，或希望某人做某件较大的事情，又担心对方不愿意去做时，不妨采取这种

“渐而食之”的策略，稳中求进，先小后大。

女孩高中毕业后，想和同学去大理旅行一趟，为此她需要5000元的旅行费用和一只新旅行包。她很聪明，没有直接和爸爸妈妈说去大理旅游。开始时，她只是提出和同学结伴去旅行。爸爸妈妈想了想同意了。过了几天，她又告诉爸爸妈妈此次旅行所需的费用大约是5000元。爸爸妈妈想既然都答应女儿旅游的要求了，费用多点就多点吧，于是也应允了。然后就在即将开始旅行时，女孩又跟爸爸讲：“爸爸，您不会让您的女儿拉着一个破破烂烂的旅行包去旅行吧？其他孩子都有一个新的旅行包。您也给我买一个吧，求求您了！”爸爸想，大的要求都答应了，小的要求没理由拒绝，买吧。于是女孩又如愿以偿地拥有了一个让自己满意的新旅行包。

设想一下，如果女孩一上来就提出所有的要求，她的爸爸妈妈很有可能会接受不了而立刻拒绝。可是女孩却很聪明地把自己的请求一项一项提出来，分而化之，这样每个请求听起来似乎都不那么难以接受，女孩的全部要求也由此得到了满足。

这种谋略常被应用在各行各业，比如，在教育行业，教师通常会对成绩不好的学生先提出一个较低的分数要求，在达到那个要求后给予鼓励，然后提出下一个要求，由此一步步促进学生成绩的提升。在销售行业，精明的销售员通常不直接向顾客推销自己的产品，而是先向顾客介绍产品，指出其特别之处，接下来再巧妙说一下购买该产品的理由。如果顾客依然没有购买该产品的欲望，销售员就会继续诱导，比如赠送试用装、优惠券，延长售后服务时间，等等。很多顾客常由此被打动而接受销售员购买的建议。

在管理学上，当领导希望下属做某件较难的事情时，通常先交给对方一件类似的、难度较小的事情，等完成后，再提出更高要求。同样的道理，当一个男孩在追求心仪的女孩时，不宜直接提出“我希望与你共度一生”的请求，这样的要求很唐突，会直接把女孩吓跑，而先提出一起吃饭、看电影、去某地游玩等小要求的话，循序渐进，会更容易实现共度一生的愿望。

曲中求直，蓄而后发

“曲中求直，蓄而后发”是太极拳的一个重要理论，借用在谋略学中，表示要依据实际情况行动，当客观情况不允许“直进”时，就要蛰伏，或者选择“曲线”行进。在这个过程中积蓄力量等待时机，当条件具备了，时机也成熟了，再迅猛出击，以求一击必中。

看下面两个例子：

我们都知道，周是商的一个诸侯国，在帝乙是商的国君时，周国就在西伯侯季历、姬昌的统管下，蒸蒸日上。此时，帝乙已经发觉周国对自己的威胁，于是准备将之除掉。

西伯侯姬昌清楚自己的力量还远不足以与商抗衡，硬刚只会让自己和自己的族众被无情灭掉，只能曲中求直。帝乙有个妹妹（一说不是亲妹妹），名字很靓丽，实际上却长得奇丑无比，脾气又不好，二十多岁了还没有嫁出去。姬昌派出自己的心腹散宜生，带上很多聘礼前往殷都求亲。

在殷都，按姬昌的授意，散宜生宣称，西伯侯姬昌欲迎娶帝乙的妹妹为妃，很快，殷都很多人都知道了这一消息。

觐见帝乙时，散宜生对帝乙说："大王，当为公主的幸福着想，答应西伯侯的请求，一来公主的幸福有了保障，二来可以让周邦永远忠于商。"帝乙有所心动。

散宜生又去见公主，并说："公主若嫁给西伯侯，一来会让自己获得幸福，二来可以给两国人民带来无穷福祉。两国百姓的福祉全系在公主一人身上……"公主也心有所动。

然后散宜生又对商朝的王公大臣"展开攻势"，恭维他们是国之栋梁，必然会为了广大百姓的安宁而促成这桩意义重大的和美婚姻。就这样，造成了一种西伯侯必娶公主，而公主又非嫁西伯侯的态势。在这种态势下，帝乙终于答应将妹妹嫁给西伯侯。

姬昌这一"曲中求直"的谋略大获成功，在迎娶了公主后，帝乙统治时期再也没有发动对周的战争，姬昌由此赢得了积聚力量的大好时机，为周灭商奠定了有利的基础。

李渊借祖上荫恩，在父亲死后，承袭唐国公。隋文帝时期，李渊深受隋文帝杨坚的重视，历任三州刺史。隋炀帝杨广继位后，李渊由文官转为武职。隋末农民起义时，他被派去当太原留守。

李渊是个很有心计的人，平时有意结交各方人士，在镇压农民起义过程中，不断收纳降兵降将，扩充自己的实力，声望渐隆。

隋炀帝疑心很重，对声望日高的李渊有些不放心。一次，隋炀帝下诏让李渊到他的行宫觐见。李渊因病未能前往，隋炀帝很不高兴，同时疑心李渊是借故不来，有不忠之嫌，于是就问李渊的外甥女（隋炀帝的妃子）。妃子回答说舅舅是因病未能前来。隋炀帝当即问："会死吗？"消息传到李渊耳中后，他知道隋炀帝已经疑心自己了。

由于感觉自己的力量还不足以与其抗衡，李渊决定继续容忍，等待时机。于是他故意败坏自己的名声，每天花天酒地、吃喝玩乐，沉湎于声色犬马之中，给人一种沉沦的假象。隋炀帝知道后，之前一直紧绷的心弦逐渐放松了。

在声色犬马的背后，李渊加紧了起兵的准备，他积极结交各路豪杰，网罗各种人才，使自己的实力越来越强大。公元 617 年 2 月，李渊手下将领刘武周发动兵变。隋炀帝怪罪到李渊身上，下诏治李渊的罪。此时羽翼已丰的李渊决定起兵反抗，他以讨伐刘武周为名招兵买马，同年 5 月正式竖起起义的大旗。隋炀帝大惊，急忙调兵遣将讨伐，可是为时已晚。

回想一下，如果当时李渊不选择隐忍，而是立即起兵与隋炀帝硬刚，以他当时的实力，还不足以与隋炀帝抗衡，结局也就可想而知了。

曲中求直，蓄而后发，体现了一种以退为进的韬略。一时的妥协和让步并不代表认输，有谋略地让步更多的时候是为了麻痹对手，为自己赢得时间和时机。当力量积蓄起来了，时机来到了，反击也就开始了。

曲中求直，展现的不是被动的委曲求全，而是主动"进攻"的策略，是为了更好地达到目的而采取的计谋。兵法素来讲究奇正之法，就是要出奇制胜，好处在于能够"于无声处"取得更好的效果。

侯嬴是魏国的一位贤士，以聪明机敏、能言善辩而闻名于世。信陵君多次登门造访，邀请他出仕，他都婉言谢绝了。

一天，信陵君大宴宾客，席间，高朋满座，嘉宾如云。待众人坐定后，信陵君才向大家宣布："今天的主客是侯嬴先生，在座诸君若不介意的话，我把大家都作为陪客吧！"

随后，信陵君坐车去接侯嬴。侯嬴傲慢地坐上尊位。信陵君亲自驾车，态度谦恭。路过闹市，侯嬴冷冷地对信陵君说："我有个朋友在肉市上，劳驾您与我一同去看看他。"

信陵君二话没说就照办了。到了肉市，侯嬴故意与朋友闲聊，不理会一旁等候的信陵君。信陵君始终和颜悦色，态度诚恳恭敬。旁观的人群都用好奇的目光打量着他们。

过了很长时间，侯嬴才告别朋友，乘车来到信陵君府邸。进府后他径直朝上位走去，然后一屁股坐下。随后，信陵君把侯嬴向恭候多时的宾客作了诚挚的介绍。

轮到侯嬴说话了，他将头转向信陵君："我侯嬴只不过是个守城门的糟老头子而已，而信陵君您却多次登门拜访，我本不应该傲慢无礼。但是，为了帮助您获得礼贤下士的美名，我只得这么做。您久立于闹市之中，让世人围观，您的态度始终谦恭礼貌，这样人们都会认为我这个老头是个不知好歹的小人，而您却是个求贤若渴的君子。"

不可不说，侯嬴用心良苦，为了帮助信陵君树立好形象，不惜"牺牲"自己的形象，算是对信陵君知遇之恩的回报。这一"曲中求直"不可谓不高明。

总之，曲中求直，蓄而后发，体现了韬光养晦、深谋远虑的智谋。曲与直，是相对而言的，"曲"不代表停滞、"绕弯"，也不预示一定要比"直"慢，有时候欲速不达，在"曲"中求直，如得法，反而快，这时，"曲"就是直，直反而是"曲"。

作为一种大智若愚的智谋，曲中求直，蓄而后发，被广泛应用于各种场景中，大到改朝换代，小到职场岗位竞争，都有其身影，也都发挥了让人满意的作用。

以假乱真，以假诱真

曹雪芹在《红楼梦》中说：“假作真时真亦假，真作假时假亦真。”把假的当作真的，时间久了，假的也就成真的了，而把真的当作假的，久而久之，真的也被当作假的了。

真和假是相对的，我们常说，真的假不了，假的真不了，可是有的时候，真和假并不是那么好分辨的，特别是在当事人有意为之、巧妙掩饰的时候，真和假还真的可能黑白颠倒，假的变成真的，而真的变成假的。

公元 604 年，隋文帝杨坚驾崩，其子杨广继位，是为隋炀帝。实际上，杨广并不是杨坚的长子，而是次子。太子原先也并不是杨广，而是他的同胞哥哥杨勇。那么太子之位，杨广是如何从哥哥手里“夺取”过来的呢？

据说，杨广为谋取太子之位，待杨坚百年之后，做大隋朝第二任皇帝，可谓煞费心机。杨坚珍惜国力，崇尚节俭，他的妻子大名鼎鼎的文献皇后独孤伽罗也反对奢侈浪费，同时反对男人不专一、花天酒地。太子杨勇勤勉好学，善于辞赋之道，性情宽厚率真，不矫揉造作，就是有些骄奢淫逸，家里妻妾成群，生活奢靡。这让杨坚和独孤伽罗很反感。

杨广同哥哥一样，也喜好奢侈，是个声色犬马之徒，家里也妻妾成群，只不过他比哥哥城府深，会投机。为讨父皇杨坚和母后独孤伽罗的欢心，杨广处处投其所好，每当杨坚到他的府上，他就事先把那些花枝招展的姬妾们藏起来，只留下几个又老又丑的女人在左右侍候，还故意把乐器的弦弄断，保留上面的尘土，然后将其摆放在显眼的地方，果然杨坚见了，觉得这个儿子不好声色，懂得节俭，不免连连赞许。另外，每当杨坚和独孤伽罗派人来，杨勇只将其当仆人招待。而杨广则不然，无论对方地位高低，他和妻子定要亲自到门口迎接，并设宴招待，走的时候还要赠送厚礼。这样杨坚和独孤伽罗听到的都是赞扬杨广的声音。

每次离开京城，跟杨坚和独孤伽罗辞行时，杨广都痛哭流涕，显出依依不舍的样子，其情之悲切，让杨坚和独孤伽罗也感动得落泪，不忍心让儿子远离。

同时，杨广又极力拉拢杨素等大臣，让杨素等人在杨坚面前说哥哥杨勇的坏话，并为自己说好话。总之，杨广将自己斑斑劣迹的一面统统掩盖起来，而展示出一个品行高洁、有情有义、忧国忧民的好君主形象。正是在这样一副假形象的包装下，杨广成功讨得了杨坚和独孤伽罗的欢心。公元600年，杨坚终于下诏将太子杨勇贬为庶人，改立杨广为太子。

虽然杨广的行为有违做人的道义，为人所不齿，为文明社会所摒弃，但是他成功的伪装，的确让他得以以假乱真，成功谋取了让人艳羡的权力。

假话、假行为、假信息、假感情等，并不是一提“假”，就一概否定，就一无是处，而要看将其用在什么地方，用来作何用。

一次，某集团检查组发现旗下一商场经理严重违纪。为了使他及时醒悟，检查组不动声色地与其进行了一场心理战。

检查组：假如你家里养了一只猫，只会偷鱼吃肉睡懒觉，从不抓老鼠，还常打碎碗碟，你认为应该怎么办？

商场经理：把它赶出去！

检查组：如果你的商店里有个售货员迟到早退，不负责任，卖东西缺斤少两，还经常把商品偷回家去，你怎么办？

商场经理：开除他！

检查组：如果他的经理知情不报，还与他暗中勾结，中饱私囊，索贿受贿，你说这该怎么办？

商场经理：这……

这里，检查组以假诱真，以真衬假，让犯错误的商场经理内心有愧，无言以对。

三十六计第一计是什么计？不错，是瞒天过海！此计谋亦是以假掩真，示人以假，借假成事。实际上，空城计、离间计、间谍计，莫不是以假乱真、以假诱真。此计若运用得炉火纯青，真的可以做到真真假假、假假真真，殊难辨清。

避实就虚，曲径通幽

《孙子兵法》虚实篇中说："兵之形，避实而击虚。"大意是，用兵的规律，在于避开对手的主力或者防守牢固的地方，而攻击其薄弱之处。避实就虚，意同避实击虚，拓展开来，意思就是解决问题时要找容易突破的地方下手，或谈论时回避实质性问题。

有两个例子可以很好地说明"避实就虚，曲径通幽"的谋略。一个例子是张良说服项羽放刘邦回汉中；另一个例子是曹操、刘备二人青梅煮酒论英雄。

刘邦先入咸阳而没有称王。项羽凭借强大的实力，自称西楚霸王，分封各路诸侯。刘邦被封为汉中王，封地在偏僻的巴蜀之地。项羽的心腹谋士范增深忌刘邦，力主项羽将刘邦软禁在咸阳，不让其回封地，否则后果不堪设想。

刘邦很着急，可又没有好的应对之策。关键时刻，张良（那时张良还不是刘邦的谋士，而是诸侯韩成的大臣）想出一个好办法。他先建议项羽将范增派往彭城催楚怀王迁居郴州。项羽没有多想，遂派范增前往。范增临行之前，千叮咛万嘱咐项羽一定不要放刘邦回汉中，要不然必定贻害无穷。项羽答应了。

范增走后，张良让刘邦向项羽上书建议：为节约开支，避免坐吃山空，宜将各路诸侯遣回封地。项羽接受了这个建议，随即下令各路诸侯五日内启程返回各封地，不得有误。刘邦本想自己也能离开了，可项羽记着范增的叮嘱，就是不准刘邦回汉中。

刘邦急忙叫来张良商议。张良让刘邦跟项羽请假回老家沛地省亲。刘邦照做了。项羽想起范增的叮嘱，有些犹豫。刘邦装出悲戚的样子对项羽说："父亲年老，吾日夜思念，今各诸侯已返回封地，唯独我留此，不知何时能见老父亲一面。"

见项羽似有所动，张良趁此悄悄对项羽说："与其准许回老家，还不如遣去汉中。回老家无异于放虎归山。"项羽还是有些犹豫。

这时，项羽的手下陈平（后成为刘邦的心腹谋士）说："既然已经封为汉中王，不使上任，恐怕难以取信于天下人，不利于以后法令法规的推行……"

一套"组合拳"下来，项羽终于扛不住了，自以为聪明地下令刘邦只许回汉中，不可回沛地。就这样，刘邦顺利离开了咸阳，前往自己的封地汉中。

在张良、陈平等人的帮助下，刘邦避实就虚，成功转移问题焦点，最终曲径通幽，得偿所愿，顺利回到汉中。在汉中，刘邦积极休养生息，积蓄力量，壮大实力，时机一到，引兵出关，与项羽逐鹿天下，最后逼其自刎乌江，创建了刘汉四百年天下。

再说说刘家另一开创基业的大人物刘备。

根据《三国演义》的描述，刘备一心恢复汉室昔日荣光，但是却屡遭挫折。一番折腾无果后，迫于形势所逼，刘备带着二弟关羽、三弟张飞投奔了枭雄曹操。而曹操则不计前嫌，收留了落魄的刘备三兄弟。

刘备知道曹操素来多疑，为避免被猜忌，他装出不关心世事的样子，每天只侍候后园的一块菜地而不过问其他事。一天，刘备正在后园“专心”浇菜，曹操派部将许褚、张辽来请。刘备不知何事，内心不由忐忑不安。见到曹操后，方知是来煮酒品尝，内心才稍安定。

曹操热情地邀请刘备入席，两人一边品青梅，一边饮酒。酒至半酣，天上乌云滚滚，暴雨将至，曹操忽然对刘备说：“玄德久历四方，必知当世英雄。请试指言之。”刘备试着说了几个当世枭雄。曹操一一给否了。于是刘备说除此之外，实不知还有何人配称英雄。曹操忽然用手指指刘备，又指指自己，说：“天下英雄，只有你和我而已。”

一言石破天惊，刘备本就担心曹操猜忌自己，现在见曹操暗有所指，内心慌乱不已，手一抖，筷子滑落到地上。此时天上正好响起一声炸雷，随即大雨倾盆而下，机智的刘备趁势蹲下，捡起地上的筷子，一边捡一边说："一震之威，乃至于此！"曹操说："堂堂大丈夫还怕雷声！"说完哈哈大笑，由此不再怀疑刘备。

刘备避实就虚，顾而言他，巧妙地借打雷掩饰了内心的慌乱，成功转移了曹操的注意力，消除了对方的怀疑。试想一下，如果刘备被道破内心秘密后，神色大变，茫然无措，势必被精明的曹操看穿，那么刘备的下场就可想而知了。

避实就虚之计被广泛应用于军事战争中，孙膑率领齐军在桂陵击败庞涓率领的魏军，成功"围魏救赵"，就是运用"避实击虚"计谋的经典战役。

避实就虚，除在军事战争中得到广泛应用外，还经常被应用于政治外交、商业博弈中。在双方对弈中，避开对方坚硬、强悍之处，而攻击对方柔软、薄弱的地方，就会有效削弱对方战力，如时机拿捏得好、运用巧妙，甚至可以克敌制胜，达到四两拨千斤的效果。

阳用其方，阴用其圆

善于谋划的人通常比较有城府，轻易不会把自己的真实意图透露给别人，而是将其隐藏起来，有必要的话，还常用一些更正面、更光明的说辞或手段加以掩盖遮蔽，或是求得理解和支持，或是麻痹对手。他们用阳谋，也用阴谋，阳用其方，阴用其圆，有时明为阳，暗为阴，以阳养阴，阴阳谋互转并用，让人难以应对。

郑武公病逝后，长子寤生继位，是为郑庄公。据说庄公的母亲武姜生庄公时难产，受到惊吓，因此不喜欢这个长子；生小儿子叔段顺产，因而偏爱小儿子。武姜多次请求郑武公改立叔段为太子，但奈何郑武公始终没有同意。武姜不甘心，就和小儿子密谋，意图篡权夺位。

寤生继位后，武姜让郑庄公把京邑之地封给叔段，郑庄公同意了。叔段在封地招兵买马，聚集民众，修造盔甲武器，为谋反做准备。对母亲和弟弟的阴谋，郑庄公心知肚明，却没有说破，也没有采取行动，而是纵容弟弟发展壮大。很多大臣建议郑庄公采取措施，制止叔段，郑庄公只说了一句话："多行不义必自毙，子姑待之。"（意即，不仁义的事做多了，必定会自取灭亡，你就等着吧。）

终于，叔段把准备工作做好了，静等起兵的时机。命运的齿轮自此开始转动。冥冥之中似有安排，恰巧有一天，郑庄公要去觐见周天子，离开了都城。武姜见机会来了，赶紧写信给叔段。叔段接到信后，对手下说奉命到都城办事，带着军队奔向都城。

武姜和叔段两人没想到他们正一步步落入郑庄公为其设计的陷阱中。郑庄公根本没有去觐见周天子，而是带着两百辆兵车潜藏在叔段的封地附近，等叔段接到武姜的信带兵奔往都城后，郑庄公指挥军队快速攻下叔段的封地。叔段接到封地失守的消息后，急忙返回，可是事情已经无可挽回，只得出逃，最后走投无路，被迫自杀了。

实际上，从叔段刚开始训练军队时，郑庄公就打算将这个有野心的弟弟除去，可是他没有将这种意图表现出来，而是纵容其发展壮大，对外表现出自己宽宏大度的一面。正所谓"欲让其灭亡，先让其疯狂"，等形势变得不可挽回时，再"被迫"出手，这样舆论就完全倾向于自己，也就为自己的行为树立了"正义"的旗帜，此为阳谋。

为顺利除掉弟弟，郑庄公巧施计谋，诱惑弟弟率众出城，然后自己趁机占领城池，断了其后路，从而轻松赢得了这场兄弟争夺战，此为阴谋。

试想一下，如果郑庄公确实顾念亲情，完全可以在母亲和弟弟预谋反叛之初，就采取措施制止这种不当的行为，劝其悬崖勒马，这样不至于让弟弟在错误的道路上越走越远。之所以没有及时制止，就在于他要光明正大地除掉对方。

不得不说郑庄公是个谋略高手，用谋之深，非一般人可比。

使用“阳用其方，阴用其圆”非常大的一个好处就在于能够树立一个“好”的形象，可以在打着“利人”的口号下行“利己”之事，大占便宜。

汉武帝时，诸侯王势力很大，尾大不掉，威胁到了汉王朝的统治。如何和平解决诸侯势力过大的问题，汉武帝思谋良久，最终他采纳了大臣主父偃的建议，就是大力推行推恩令。推恩令规定：藩王死后，嫡长子和其他儿子共同继承爵位和封地，均成为列侯。这样就一改过去藩王的爵位和封地只由嫡长子单独继承的局面，打破了长子世袭制度。

客观来看，汉武帝采纳和推行这个法令是非常高明的，起到了一箭双雕的绝妙作用，一方面以赏赐的名义颁布实施，获得了之前没有继承权资格的诸侯列子们的欢迎和感恩；另一方面使每个封国的面积越来越小，再也无法像以前那样“团结”，有效削弱了藩王的势力，使之再也无法威胁到汉王朝的统治。

这就是表为阳谋、里为阴谋，或者说阳谋在表、阴谋在里。阳用其方，阴用其圆，表面上打着“为你们着想”“为你们好”

的旗号，实际上施行的每一个策略，每一步行动最终都是为了实现“利己”。在历史的长河中，不乏这样的高明谋略，也多收到了良好的效果。

高明的谋略大师从来都是深谋远虑的，不短视，不冒进，不会为了眼前的蝇头小利而大动干戈，也不轻易表露自己的心迹，亮自己的底牌，更不会冒天下之大不韪而让自己成为众矢之的。他们懂得隐藏，懂得等待时机，更懂得借势而为，这也就是所谓“远谋”。

智在用间，谋在反间

在《三国演义》中，周瑜和大将黄盖上演了一番“你情我愿”的苦情戏，被后世称为“苦肉计”。

这出戏发生在火烧赤壁前，曹操派荆州降将蔡和、蔡中兄弟去东吴诈降，借以刺探军情。大都督周瑜猜中了曹操的用意，可是却没有说破，而是将计就计，热情收留了蔡和、蔡中兄弟。东吴大将黄盖建议周瑜“火攻”曹营。周瑜也有此想法。

实施火攻，需要有人诈降，接近曹营。为了取信曹操，黄盖自愿做那个诈降的人。两人设计了一个诈降计。于是，在大庭广众之下，黄盖公然与大都督周瑜对着干。大敌当前，岂能容人违抗军令。火冒三丈的周瑜下令将黄盖推出去斩首，在众人的苦求下，死罪可免，活罪难逃，将斩首改为重杖100。黄盖被打得皮开肉绽，几次昏死过去。心灰意懒的黄盖托人带书信给曹操，表示愿意带粮草归降。就在曹操半信半疑之际，诈降的蔡和、蔡中兄弟适时发来密信，信中将周瑜怒杖黄盖的事以及黄盖的委屈绘声绘色地描述了一遍。在兄弟二人的“神助攻”之下，曹操最终相信了黄盖。

接着，周瑜又派名士庞统投奔曹操，为曹操献上“连环计”，将所有战船用铁索连接在一起，然后在船上铺上木板，士卒战马在船上往来如履平地。按计划，一天夜里，黄盖指挥20艘运粮船（船上隐藏好芦苇干草、硫黄焰硝等易燃物）驶向曹营。距曹军大营二里多远时，黄盖叫人将芦苇干草、硫黄焰硝点燃，火势凶猛，熊熊燃烧的“火船”趁风驶入曹军大营，将曹军的战船点燃，并很快蔓延到岸上军营，霎时间曹营通红一片，火光连天。

曹操本想用间刺探军情，取得先机，占得优势，没想到却反受其害。

军事家孙武总结了五种用间的形式和方法，分别是乡间、内间、反间、死间、生间。乡间，也叫因间，就是利用对手的同乡做间谍；内间，就是利用对方的官吏做间谍；反间，就是利用对方的间谍为己做事；死间，就是利用己方间谍传递虚假情报给对方，计划一旦失败，己方间谍极有可能难逃一死，故称“死间”；生间，就是己方间谍活着回来报告敌情。

五种用间形式变幻莫测，有时单独使用，有时并用，运用得好，是克敌制胜的法宝。用间是了解敌情最有效的方式之一，曹操善韬略，他派蒋干、蔡和、蔡中入东吴，就是在用间，目的是刺探、收集东吴的情报。只不过，在用间方面，周瑜技高一筹，不但成功识别曹操的用间计谋，还将计就计，反客为主，巧施反间计，让对方的间谍为己所用，最终取得胜利。

范增是项羽的谋士、智囊，项羽称范增为“亚父”，可见对其的倚重。刘邦的谋士张良、陈平等人素知范增对项羽的重要性，所以决定设法离间项羽和范增的关系，将范增从项羽身边“调离”，由此一场针对范增的反间计就此展开。

公元前204年，项羽率军围攻据守荥阳城的刘邦。刘邦抵抗不住，派人向项羽求和。范增一眼看出刘邦是在拖延，就提醒项羽不要被刘邦欺骗。项羽倒也听话，于是指挥楚军继续围攻荥阳，而刘邦咬着牙坚守。打了一段时间后，项羽派使者到汉营探听情况。

使者来到汉营后，陈平命人以诸侯之礼接待。在得知使者是项羽派来之后，陈平命人撤去宴席，换上粗茶淡饭，并丢下一句话：“还以为是范增派来的，原来是项王派来的”后离去。使者返回后，将情况添油加醋地向项羽汇报了一通。生性多疑的项羽由此怀疑范增与刘邦有勾结，于是渐渐疏远了范增，并逐步剥夺其权力。

范增知道后，怒而辞别项羽，途中离世。陈平的反间计大获成功。没了范增的项羽，如同没了牙齿的老虎，每况愈下，最终被刘邦围困垓下，被迫自刎乌江。

正所谓“兵者，诡道也”，所以不应将用间视为微末之技，搬不到台面上来，相反，用间之效果，有时是千军万马所不能达到的。世界战争史表明，用间是敌我争斗中一项克敌制胜的重要手段，是军事谋略的重要内容，曾发挥巨大作用。

用间，考验的是用谋的智慧，对人性、人心的洞察和把握，对时势、局面和发展趋势的判断和推测，涉及所制订的计划、行动的时机，还有应对变化的能力等众多因素。其中任何一环出现纰漏，应对无方或不及时，都可能让谋略失败，与成功失之交臂。

实际上，用间不但经常出现在军事舞台，政治、外交、商业以及其他社会场合也都是施计用间的舞台。无论是乡间、内间，还是反间，都是智慧的表现，只要谋略得当、运用得法，自然都会获得满意的结果。

智谋用德，大谋无形

我们常说“以德服人”，这里的“德”，指的是人的道德、品德，那么谋和德有什么关系呢？德，是一个人的行为准则，是衡量一个人操守的价值红线，相当于人生的追求和方向。失去了德行，也就意味着人生的方向偏了。所以，修身养德成为古人一生的至高追求，《礼记·大学》中说：“自天子以至于庶人，壹是皆以修身为本。”

那么，德具体有什么用呢？孔子说“其身正，不令而行；其身不正，虽令不从。”统治者自己行得正，有德行，不用命令百姓也能照着做；反之，如果自己身行不正，无德行，那么即使发号施令，百姓也不愿意听从。这就是德的作用。德会凝聚成无形的影响力，起着号令、指挥的作用。从本质上看，它跟一个人的权力大小没有多大关系。一个德行高尚的人，即便没有权力，也会有众多追随者，所以《论语》中说“德不孤，必有邻”；相反，一个品行不端的领导者，即便能利用手中的权力指挥动很多人，但也不会有真正的追随者。那些听令而行的人服从的只是权力，而不是人。正所谓“服人者，德服为上，才服为中，力服为下”。

德在谋略中处于至高无上的位置。德行越高，谋略越能致长远，所以古人才说“修身”乃是“治国”“齐家”“平天下”的基础，所谓“德者，得也”，说的也是这个道理，这是德功利性的一面。正因为德的这种巨大作用，很多人在谋划事情，特别是重大事情时，都力求“以德服人”，谓之“智谋用德”。

西汉时期，汉高祖刘邦死后，以吕后为首的吕氏家族企图反叛作乱，颠覆刘氏天下，关键时刻，老臣陈平、周勃等人力挽狂澜，诛灭吕氏家族，迎立刘邦第四子刘恒为帝，是为汉文帝。汉文帝在位二十多年，在位期间，遏制奢侈，节约开支，力求节俭，推崇“以德化民”。

一次，汉文帝准备建一座高台，当得知需要上百斤黄金时，他犹豫了：“百斤黄金相当于十户中等人家的产业，现有的宫室已够用，还建高台干什么呢？”于是取消了计划。

平时汉文帝只穿朴素粗厚的服饰，也不准后宫嫔妃穿艳丽服饰。对自己陵墓的建造，他下令只用瓦器，而不用金银铜锡等金属装饰，同时不得惊民、扰民。总之，对百姓不利的事情，一概废止。在其统治时期，百姓富足安定，幸福感满满。

在对外方面，汉文帝亦以宽厚待之，讲求以德服人。南越王尉佗自立为武帝，汉文帝知道后，没有发兵讨伐，而是将他的兄弟召来，赐给他们富贵。尉佗由此被深深感动，主动取消了帝号，向汉称臣。

匈奴违背和亲契约，常侵扰边境，汉文帝只下令边塞驻军加强防守，而没有派兵入匈奴之地还击，只因为不想给双方百姓带来惊扰和更多的劫难。

正因为汉文帝宽厚待人，以德报怨，恩惠浩荡，在一定程度上缓和了对外矛盾，最大限度地保障了百姓安定的生活。

汉文帝处处为百姓着想，却认为自己做得远远不够，他在遗诏中说："我生前不德，无益于百姓，如今死了，又让人们长期服丧哭吊，经历寒暑的变化，使人家的父子悲哀，损伤老幼的心灵，减少饮食，断绝对鬼神的祭祀，这加重了我的不德，怎么能对得起天下百姓呢？"

虽然汉文帝要求他的葬礼简办，百姓不必过度哭丧，但是葬礼上，官员和百姓都十分悲伤，痛哭不已。汉文帝谥号孝文皇帝，可见其"德行天下"的名号实至名归。

汉文帝之谋，可谓大谋、远谋、智谋，他谋的是天下百姓，谋的是国家社稷，谋的是人心向背。或许到了人生、命运、社会、国家层面只能用德来谋划。从这一点来看，用德谋事的人是最大智者，也是最高明、最值得敬佩的投资者。

所谓"大音希声，大象无形"，同样，谋到了一定高度，因过于宏大，往往也是无形无迹的，它不拘泥于一定的事物和格局，不羁绊于世俗的流言蜚语，外人不可知，当时看不透，往往只有等出现了明朗的态势时，方能让人窥探出其中的奥妙和宏大，更重要的是，它堂堂正正，无可指摘，会影响成千上万的人，让无数人信服，谋划不可谓不高明、不深远。

低调行事，能而示之不能

一条繁华商业街上有两家百货店。两家店的生意都很不错，每天人来人往，热闹非凡。有一天其中一家百货店的老板病逝了，不久，他的儿子继承父业，全面接管店铺业务。年轻人做事很有魄力，当上老板不久，就一改父亲保守的经营之风，在品种、价格、营销方式等方面向竞争对手展开全面攻势，意在将其挤出竞争行列。

面对竞争对手的全面攻势，另一家百货店虽然有与之竞争的实力，却没有采取诸如降低价格、扩大品种、增加销售人员等方式与之进行针锋相对的竞争，而是以不变应万变，依旧像以前那样经营。不久，在对方强大的攻势下，这家没有变化的百货店经营每况愈下，再不久宣告停业。年轻人很高兴，以为成功将竞争对手挤垮了。

没过多长时间，年轻老板被告知竞争对手在另一条不太繁华的街道上重新开张了。年轻老板并没有放在心上，毕竟自己已经成功将对方挤跑了。又过了一段时间，又有人告诉年轻老板，那个被挤跑的百货店开了一家分店，店面虽小，但生意红火。年轻老板还是没有担心，毕竟自己才是胜利者，这条繁华的街道上只有自己一家百货店。

此后一段时间，被挤出商业街的那家百货店又开了几家分店，生意说得过去，不过因为没有产生直接竞争，年轻老板依旧没有将其放在心上。一年后，被挤走的百货店突然杀了个“回马枪”，高调宣布重回老店旧址开店。

年轻老板闻讯后吃惊不已。他没想到曾被自己打趴下的对手会卷土重来，再度杀回来与自己竞争，不得已振作精神，做好竞争的准备。

《道德经》中说：“江海所以能为百谷王者，以其善下之，故能为百谷王。”意思是江海所以能成为许多河流汇聚之地，因为它甘于、善于处在低洼的位置，这是它成为许多河流汇聚之地的原因。正所谓“地低成海，人低成王”。

无数的历史事实告诉我们，古来成大事者，多是不张扬者。正因为低调不张扬，才避免了很多不必要的麻烦。如果再能恰到好处地能而示之不能，欲扬先抑，那么反而会获得更多。

“六尺巷”的传说是关于清名臣张英的一段历史佳话。康熙年间，张英担任文华殿大学士兼礼部尚书，可以说位高权重。他在老家安徽桐城的府邸与吴家毗邻，两家院落中间有一条窄巷，为两家人所共有。吴家建新房，想占这条窄巷。

张英的家人不同意，两家由此起了争执。因张家和吴家都是名门望族，当地的府衙不敢裁定，将问题搁置了下来。

张家人气不过，遂写信将此事告知京城的张英，让他出面解决此事。张英认为邻里之间应该相互谦让，不必为此大动干戈，于是就在回信中表明了自己的态度：“千里来书只为墙，让他三尺又何妨？万里长城今犹在，不见当年秦始皇。”张家人接到信后，主动让出三尺空地。吴家人一见，既惭愧又感动，也主动让出三尺空地，“六尺巷”之名由此而来。

张英之子张廷玉也秉承了父亲低调行事的作风，他的儿子张若霭经过乡试、会试之后，在殿试中，被雍正帝钦点为探花。张廷玉知道后，急忙面见雍正帝，言辞恳切地说：“臣已居高位，今若子又登一甲三名，挤天下寒士进阶之位，心实不安。”跪求换人。雍正帝深受感动，见其情切，“不得不勉从其请”，降张若霭三甲第一名。

强常在弱中取，进亦在退中求。很多时候，有策略地示弱，是一种大智慧，亦是一种高明的谋略。当力不如人、势不如人或面对一时难以解决的困难时，不妨有策略地后退一步，能而示之不能，为后续东山再起积蓄力量。

第五章

成事在天，谋事在人

在人类社会中，可以说任何事都是人为和人谋的结果，人为事之本，正所谓“事在人为”，所以在做事的过程中，要积极发挥人的主观能动性，多作调查，深入思考，找寻规律，很多时候心力付到了，考虑周全了，策略用对了，事情也就办成了。

自我推销的智慧

一款新上市的产品要想赢得顾客的青睐，有效的推销是必不可少的。人亦如此，要想在社会上提高知名度，被人们认识、了解、赏识，也需要“推销”。其中，他人的介绍和举荐自然重要，但更重要的还是自我的推销。他人的举荐或许只是提供了一个机会，要想真正为对方所了解和认同，自我的努力必不可少。

商鞅出身于卫国贵族之家，又名卫鞅、公孙鞅，因臣事于秦而受封商邑，因此又称商鞅。商鞅曾在魏国宰相公孙痤门下当食客。公孙痤发现商鞅是个人才，准备将他推荐给魏惠王，可还没等说就病倒了。魏惠王去探视，公孙痤趁机推荐商鞅做魏国下一任宰相。魏惠王不置可否。公孙痤便说：“大王如果不准备任他为相，那就请杀死他，不让他到别的国家去。”魏惠王答应了。

公孙痤死后，魏惠王对他的告诫和叮嘱并没有放在心上。此时位处西边的秦国，刚即位的秦孝公，决心继承祖先遗志，干出一番轰轰烈烈的事业，于是发出“招贤令”，宣称凡是能出奇计强大秦国者，必赐予高官厚禄。

商鞅闻讯后立刻赴秦。他通过秦孝公的亲信景监见到了秦孝公。第一次谒见秦孝公，商鞅跟秦孝公讲了一大堆尧舜先贤为人处世的道理。秦孝公觉得商鞅的理论冗长乏味，所以听得昏昏欲睡。五天后，商鞅第二次见秦孝公，大谈文王、武王治国之道，可秦孝公仍然毫无兴趣。待商鞅离去后，秦孝公把景监叫来训了一顿：

“你推荐的那个人，不过是个只通世故、不了解现实的人，哪里能算得上一个人才呢？”

景监把秦孝公的话转告给了商鞅。商鞅有些尴尬，但并不死心，对景监说：“既然他不喜欢这些道理，我还有一套道理可以对他说。”

在景监的再次力荐下，商鞅得以第三次谒见秦孝公。这次，商鞅谈的是为王、为帝称霸天下的策略。秦孝公这才产生了兴趣，听得津津有味，但还没说要重用商鞅。商鞅离去后，秦孝公对景监说：“你推荐的这人行，可以和他谈谈。”景监不知秦孝公何以态度大变，但商鞅却知道。他对景监说：“我已知道秦孝公的兴趣爱好了，请再安排一次会见。”第四次会见，秦孝公和商鞅两人谈得十分投机，谈了几天还不觉得疲倦。

景监对此感到很奇怪。商鞅跟他解释：“前两次，我给秦孝公解说帝王之道，但秦孝公对这种王道不感兴趣，于是我就向秦孝公讲称霸天下的策略，秦孝公很感兴趣。我知道他的兴趣之后，自然要和他多谈谈他感兴趣的强国之道和称霸天下之道了。正因为我的话题让秦孝公感兴趣，我们才谈了好几天仍不知疲倦啊！”

自第四次会见后，秦孝公开始信任商鞅，并决定重用，至此商鞅自我推销成功，由此开始了在秦国的政治生涯。

再看一个现代巧成名的例子。

毛姆是英国当代著名小说家。成名前，毛姆生活贫困，作品无人问津。为了推销自己的小说，毛姆想出了一个奇妙的计策：他花钱在各大报纸上刊登了一则内容相同而又引人注目的征婚启事。启事的内容是：“本人喜欢音乐和运动，是个年轻而又有教养的百万富翁，希望能找一个与毛姆小说中女主角一样的女性结婚。”

这则征婚启事刊登后，毛姆的小说立即成为英国年轻读者的抢手货。不少女性为了结识这位年轻而又有教养的百万富翁，都急于想了解毛姆小说中的女主角是个什么样的人物，便争先恐后地去买毛姆的小说。而男性读者则唯恐自己的女友去应征，也不得不去买一本毛姆的小说，以了解女友的心理活动。很快，全伦敦各家书店再也买不到毛姆的小说了。

可以说，毛姆的想法是非常灵光的，他略施小计，就让自已走出困境。有些时候，当你发现一条道走到黑没有希望时，不妨换一种思维，换一种思路，使用点奇谋妙计，玩点小伎俩，也许会独辟蹊径，别有洞天。

自我推荐是一种艺术，要想让推荐达到效果，需要用心谋划，要把所涉及的相关因素，如形象、话术、时机都考虑清楚，厘清它们的关系，判断它们的影响，在此基础上制定适合的攻略，才可能获得成功。

形象对名声的显扬是非常重要的，元杂剧《谇范叔》里有一句话是这样说的："先敬罗衣后敬人，先敬皮囊再敬魂。"很好地诠释了形象的重要性。这告诉我们，在谋划某事或想晋升某一职位与人打交道时，要注意修饰一下仪表，争取给对方留下良好的第一印象。

此外，在与人交流时，还要注重表达的方式、技巧以及时机和场合的选择与利用，要具体事情具体分析，要有针对性，要兼顾相关因素，使之有利于事情的达成。

结交生命中的贵人

一个人在成长过程中，会接触到形形色色的人，千人千面，有的人有才华、讲仁德、与人为善、品行好，而有的人无德无才、自私自利、见利忘义、凡事以自我为中心。

在交友上，一个重要的古训是“近善远佞，以德交友”，这和孔子设定的交友标准不谋而合：“益者三友，损者三友。友直，友谅，友多闻，益矣。友便辟，友善柔，友便佞，损矣。”大致意思是：有益的交友和有害的交友都各有三种。和正直的人、有诚信的人、见识广博的人交友是有益的，同走邪道的人、讨好骗人的人、不正直的人交友是有害的。

优秀、有能力的朋友，就像有益的书籍一样，总是能带给我们力量和启迪，如同我们人生中的贵人。生活中，我们要主动找寻和创造机会结交这样的人，以他们为榜样，和他们做朋友，从他们身上汲取力量，助力我们人生成长。

美国有一个名叫阿瑟·华卡的农家少年，在人物杂志上读了某些企业家的故事，很想知道得更详细些，并希望能得到他们对后来者的忠告。于是有一天，他跑到纽约，也不管对方几点办公，早上7点钟就来到企业家亚斯达的事务所。

在办公区第二间房子里，华卡立刻认出了面前体格结实、长着一对浓眉的人就是他要找的人——亚斯达。而不明所以的亚斯达一开始觉得眼前这位不速之客有些唐突，甚至有些让人讨厌，然而一听对方问他："我很想知道，怎样才能赚得一百万美元？"他的表情立刻变得柔和起来。亚斯达邀请华卡坐下来交谈。两人谈了一个多小时。华卡离开的时候，亚斯达告诉他应该去拜访的其他实业界名人。

华卡遵照亚斯达的指示，拜访了那些取得成就的商人、总编辑及银行家，并和他们成为朋友。在他们的建议和鼓励下，华卡开始了创业。

两年后，华卡成为他当学徒的那家工厂的所有者。24岁时，他成为一家农业机械厂的总经理。华卡用了五年的时间，就如愿以偿地拥有了百万美元的财富。

华卡活跃于成功人士的交际圈，与那些已经功成名就的前辈们畅谈交流。从他们那里，华卡开阔了视野，增长了见识，获得了许多有益人生的知识，可以说受益匪浅。

有相当一部分人总是乐于与不如自己的人交流往来，因为与不如自己的人交流往来，一定程度上能产生优越感，获得心理安慰，可是却提高不了自己的见识，学不到更多有用的知识。从这个角度出发，我们要多与那些能带给我们帮助的人交流往来。

注意，这里不是在倡导我们"嫌贫爱富"，不是让我们费尽心机“攀高枝”，而是在提醒和告诫我们如何在有限的生命中更精准地付出努力，从本质上看属于一种行为经济学。

人有许多种，形形色色各不同。和不同的人往来，结交不同的朋友，会带给我们不同的体验和机遇，我们不排斥与不如我们的人往来，但也必须努力结交那些比我们优秀的人，接受他们带给我们的刺激和帮助，促使我们更加成熟，助力我们的人生更圆满。

结交比自己优秀的人，一定要用心而为之，要采取主动，而不要被动守候，毕竟“主动上门”的机遇是可遇而不可求的。我们人生中的贵人多数“潜伏”在我们前进的道路上，只有积极前进，勇于“进攻”，才有可能与贵人“相遇相知”。

老子学富五车，知识渊博，博古通今，天下闻名，在“礼”的方面，老子的学识更是天下第一，无人能及。孔子虽然也学识渊博，也闻达于诸侯，但是当时的名气和学识不如老子，于是孔子决定前往周地拜访老子，学习关于“礼”的知识。

孔子给老子带去一只大雁作见面礼。一见到老子，孔子就双手奉上见面礼。之后，孔子每天都向老子恭敬请教，学到了很多关于“礼”的知识。学习一段时间后，孔子感觉收获多多。返回前，孔子诚恳地跟老子说：“这次跟您学习，收获很大，我永世不忘。”

就这样，经过多方的虚心学习和自己的深入研究，孔子最终集百家之大成，成为彪炳史册、流传千古的圣人。

在与人结交中，要注重情感的传递，让对方感知到你的敬意和诚意。只有在心理上“征服”对方，对方才可能心甘情愿地与你结交，也才愿意付出行动。

善谋合伙人

有句老话说得好：世上先有伯乐，而后才有千里马。没有慧眼如炬的伯乐，日行千里的良马也会被当成驽马，老死于槽枥之间。很多时候，要想成为一名称职的“伯乐”，成功找寻到“千里马”，不但需要高明的洞察力和精准的判断力，而且需要运筹帷幄的谋划能力。

美国著名的百货公司萨耶·卢贝克公司创始人之一理查德·萨耶是靠做小生意起家的，他起初在明尼苏达州当一名铁路货运代理商。做这种业务，主要的烦恼是有时收货人嫌货物质量不好而拒收。这样不但收不到货款，还会搭进去一笔运费。有一天，萨耶灵机一动，想出了一个新招——邮寄。事实证明，这种方式不仅让退货率大为降低，而且便利了许多。

但是，萨耶同时也意识到他的生意必须扩大规模，否则，同行也利用这种方式，很可能会超越自己。而扩大规模就需要人手，上哪儿去找合适的合伙人呢？

萨耶寻觅了好久，也没找到合适的人选。终于，在一个月光皎洁的夜晚，萨耶一直寻觅的合伙人出现了——他叫卢贝克。这天他到圣保罗，不料中途迷了路。萨耶看到他时，他正徘徊在月色下。萨耶一眼就看中了卢贝克，认为他就是自己苦苦寻觅不得的最佳合伙人，于是他热情地邀请卢贝克到自己的小店休息。两人一见如故，聊得非常开心。最后，两人一拍即合，决定合起伙来做生意，“萨耶·卢贝克公司”就这样诞生了。

两人密切合作，突破运输代理范围，开辟多种业务。令两人欣喜的是，公司第一年的营业额就比萨耶独自经营时提高近十倍。第二年公司发展速度更快，两人明显感到力不从心。

萨耶和卢贝克同时意识到，是该邀请一个更有能力的人加入了。换句话说，他们需要一个更有才能的人加入他们合伙人阵营。

人才永远是稀缺的。两人不知道去哪里找符合他们要求的合伙人。经过商讨两人均认为，应该到不出名的商人中去寻找。因为出名的人才多半是不愿意经营他们这样的“杂货铺”的，即便不惜代价请来，也未必能长期地干下去。而如果在不出名的人物中选拔适当人才委以重任，对方一定会尽其所能。所以，两人决定在不出名的商人中寻找合适人选。

一天，萨耶下班回家，看见桌上放着一块妻子买的布料，心中有些不高兴：“这种布料自己的店里就有，为什么要买别人的？”

“这种布料花式很流行。”妻子说。

“这种布料去年上市以来，一直滞销，怎么会流行起来？”

"卖布的商家说的。"妻子说道，"今年的游园会上，瑞尔夫人和秦姬夫人都会穿这种花式的衣服。你要保密，不要把这件事传出去。"

"这个情报是谁告诉你的？"萨耶对这个问题产生了兴趣。

妻子说道："卖布的商家告诉我的，不过，他叫我不要再告诉其他人。"

萨耶感觉很好笑，他清楚这是小布贩的伎俩，没想到竟然把妻子哄得牢牢的。萨耶并没有把这件事放在心上，甚至他店中的这种布料被一个布贩全部买走了，也没引起他的注意。

游园会那天，全场女性之中，只有那两名贵妇及少数几个女人穿那种花色的衣服，萨耶太太是其中之一。她们真是出尽了风头。游园会结束时，很多女性拿到一张通知单，上面写着：瑞尔夫人和秦姬夫人身上服饰的衣料，本店有售。

萨耶暗自惊讶，有种豁然开朗的感觉。他已觉察出这件事从头到尾都是那个小布贩一手策划和安排的，想到这里，心中不禁佩服起对方的推销手段来。

第二天，萨耶约上卢贝克，两人找到那家店铺，只见门口人群拥挤，每个人都争先恐后地抢购布料。他们走近一看，发现店门上贴着一张大纸，上面写着：衣料售完，明日有新货进店。那些拥挤抢购的人唯恐明天买不到，纷纷交钱预订。店铺的小伙计一边收钱，一边假意说："不能再收了，还不知道明天的衣料是否能充分供应。"

萨耶和卢贝克清楚这种布料并不缺货，知道这又是商家玩的心理战，以吊顾客的胃口，顿觉商家手法高人一等，令人折服。然而，当萨耶和卢贝克与店铺的老板见面时，却不禁面面相觑，大出意外，原来对方就是经常到他们店里贩布的路华德。他们彼此认识好几年了，从没有深谈过，对他也并没有什么特殊印象。这次，他们把对方细细打量一遍，才发觉他的目光中有一种说不出的神采，透出强大的吸引力。

寒暄之后，萨耶开门见山："我们想请你参与我们的生意，直截了当地说，想请你去当总经理。"路华德要求给他三天时间考虑。

"可以是可以，但你要保证，这三天内不能再接受其他公司的邀请。"萨耶严肃地说。

事实证明，萨耶的担忧和要求是必要的，因为第二天就有两家化妆品公司的工作人员登门邀请路华德加入他们的阵营。如果不是有言在先，路华德极有可能被其他公司"挖走"。

当上总经理的路华德为报知遇之恩，尽心尽力工作，很快取得了惊人的成就。萨耶·卢贝克公司生意兴隆，业务蒸蒸日上，十年间，营业额竟增加了六百多倍。

对于创业者来说，单打独斗是很难取胜的，特别是在初创和成长阶段，更要有团队通力协作，才可能获得成功。正所谓"一个篱笆三个桩，一个好汉三个帮"，因此，精明的人在创业初始阶段，都千方百计地积极寻找志同道合的合伙人。刘备不嫌麻烦，三顾茅庐，终于请来"卧龙"诸葛亮，共谋大业。也正因为诸葛亮的加盟，刘备被动挨打的局面才得以彻底改变。

不交无益之友

每个人都需要朋友，没有朋友的人是孤独的、缺少快乐的。但是，需要注意，不要结交那些对自己有害无益的朋友，不要被其拖入他们的浑水之中。

我们所处的环境和所交的朋友，对我们的一生有莫大的影响。益友有利，损友有害。因此，在选择朋友时，要选择那些乐观豁达、富有进取心、品格高尚和有才能的人，以获得好的精神食粮和真诚帮助。相反，如果择友不慎，结交了那些思想消极、品格低下、行为恶劣的人，将会受其影响和连累，陷入糟糕的环境难以自拔。正如荀子所言："蓬生麻中，不扶而直；白沙在涅（污泥），与之俱黑。"

因此，结交朋友必须正确区分益友和损友。那么如何区分益友和损友呢？所谓道不同不相为谋，通常情况下，兴趣、爱好相同，性格、气质相投，或三观一致的人，容易相互吸引，成为朋友。如果你自认为三观正，是个正人君子，那么和你志趣相同的人也多半是"好人"，可以与之结交。俞伯牙和钟子期的友谊就是个极好的例子。

生活和工作中，如果遇到具有自私虚伪、功利心重、斤斤计较、忘恩负义、不守信用等特征的人，尽量不要与之结交，甚至还要远离。因为一旦与之成为朋友，势必为其所累。

很多时候，在利益面前，人的灵魂的美丑就会赤裸裸地暴露出来。有的人在对自己有利或利益无损的情况下，可以和他人称兄道弟，显得亲密无间。可是一旦对方有损于他们的利益时，他们就会翻脸无情，像变了个人似的。什么友谊、什么感情统统抛到脑后。这种人的内心世界在利益面前暴露无遗，试问谁还敢和他们交心认友呢？

春秋末年，晋国六卿之一的中行文子在内讧中失利，被迫出逃。他和随从经过一座城镇时，随从提醒中行文子：“主公，这里的官吏是您的老友，为什么不在这里休息一下，等等后面的车呢？”中行文子答道：“不错，从前此人待我很好，我有段时间喜欢音律，他就送给我一把鸣琴；我喜欢佩饰，他又送给我一些玉环。这是投我所好，以求我能够接纳他，而现在我担心他要出卖我去讨好我的敌人。我们得尽快离开。”

果不其然，这个官吏知道中行文子由此经过的消息后，派人扣押了中行文子后面的两辆车，并将之献给了中行文子的对手。

中行文子在落难之时，保持着清醒的头脑，他推断出“老友”将会出卖他，并成功避免了被其落井下石的灾难，这让我们获得如下启示：当某个人对你，尤其是在你正处高位时，刻意投你所好，那他多半是因你的地位而结交你，而不是看好你这个人。这类“朋友”很难在你危难之时施以援手，甚至会落井下石，陷害于你。

具有下面这些特征的人，万事以自我为中心，和任何人交友也不会付出真心，因此和这些人来往要特别注意，更不要轻易和对方成为朋友。

（1）功利性心重。现实生活中，有些人交友完全走实用主义路线，以亲疏分等次，以尊卑论级别。隋朝王通的《文中子·礼乐》云：“以势交者，势倾则绝；以利交者，利穷则散。”就是交朋友完全看对方是不是有“势”，是不是对己有“利”。待对方失“势”了，对己无“利”了，则毫不犹豫地选择远离对方。

（2）爱斤斤计较。有一种人和人相处时处处斤斤计较，唯恐自己吃亏，有利必争，有荣誉必抢，有责任必推，缺乏包容心，吝啬小气。和这种人交往会感觉很累，也会败坏心情，所以，要尽量避免和此类人来往，更不宜成为朋友。

（3）忘恩负义。忘恩负义是一种让人不齿的无义行为。牢记恩情并时刻想着回报，是人的基本素养。忘记他人的恩情，不思回报，是对忠义仁德的背叛。遇到这种人趁早远离。

（4）不守信用。人和人之间要重承诺，以诚相待，说话算数，说到做到。对那些把承诺视为儿戏，以谎言相许骗取友谊与信任的人，定要警惕，及早远离。

（5）虚伪嫉妒。虚伪嫉妒是一种狭隘的心理和行为，揭示了人性阴暗的一面，拥有这种心理和行为的人，缺乏基本的同情心和仁爱心，为人狡诈，自私自利，虚伪冷漠。对付这种人最好的办法就是敬而远之，趁早远离，且离得越远越好。

大道不孤，德必有邻。以德交友，以友为德，是我们谋求真正友情要秉持和遵循的准则。对以利相交者，我们要保持必要的警惕之心，尽量减少与其往来，更不要轻易与之深交。

力拓交际空间

结交一个新朋友，可能会带来一大群朋友。因为每个人的背后，都有他自己的交际圈子，这个圈子可能涉及数百个形形色色的人。

朋友多了，交际圈也随之扩大了，生活也会变得更丰富多彩。所以如果你是个喜欢热闹的人，或者你的工作需要认识的人多，那么你就要创造机会结交新朋友。

结交朋友有两个基本途径：一个是参加各种联谊会，在活动中与人相识，进而与志同道合者成为朋友。另一个就是经他人引荐相识，进而与人结交成为朋友。

在结交新朋友的过程中，要懂得尊重对方，并在尊重的基础上，表现出对对方的兴趣来。对这一点的重要意义，成功学大师卡耐基在他的著作中曾说：“你要是真心地对别人感兴趣，两个月内你就能比一个光要别人对他感兴趣的人两年内所交的朋友还要多。”

那么如何让对方知道你对他以及和他的往来感兴趣进而对你更加有好感呢？方法自然不止一个，比如，记住对方的名字，并在见面的时候流畅地叫出来；关心对方的事；适时真诚赞美对方；对方有困难时，力所能及地帮助对方；等等。

就如何让对方知道你对和他的往来感兴趣的问题，卡耐基在他的著作中举的一个例子会带给我们有益的启示，不妨借鉴一下。在书中，卡耐基写道：

吉姆·法雷10岁的时候，由于家庭原因不得不离开了学校，提早进入社会。成年后，吉姆·法雷逐渐走上了从政的道路。在出任一个小镇的镇长期间，吉姆·法雷掌握了一个结识他人的神奇本领，那就是记住他人名字的能力。每当结识某个人后，吉姆·法雷就将那个人的基本情况记下来，包括他（她）的全名、家庭情况、工作状况以及生活中的悲喜事。他将这些基本信息牢牢记住，等再和对方见面时，他就会向这个人亲切地打招呼，并聊起他（她）的家人，还能记起他（她）家后院曾长有一棵蜀葵。

罗斯福竞选总统开始前的几个月里，每一天吉姆·法雷都要写几百封信给西部和西北部各州的选民。此外，他还搭乘火车在19天的时间里走遍了20个州，行程长达12000英里。在某一个不知名的小镇，他也许会突然下车和当地的选民聊天、吃饭，接下来又急匆匆地启程赶往下一段旅程。

返回之后，吉姆又不停歇地开始给他到过的每个小镇中的某个人写信，信中恳求那个人帮忙写一份他在那里接触过的所有人的名单。最终汇总的名单上的名字有上万个。吉姆会给这份名单上的每一个人写私人信件。这些信件以“亲爱的比尔”或是“亲爱的简”开头，不过落款无一例外都是“记着你的吉姆”。

吉姆·法雷就是通过这样的方式，结识了很多人，并建立了良好的关系。

无数次的经验告诉我们，在结识新朋友的过程中，有几点需要特别留意一下：

一是要力求给对方留下良好的第一印象，这样别人就会乐意甚至期待和你继续交往；反之，若留给对方的印象不好，对方则很可能不愿意再见面。要想给对方留下良好的第一印象，首先要“精心修饰”自己的着装和仪表，穿着要干净整洁，大方得体，神态自然。其次要注意自己的言谈举止，做到用语文明，措辞适当，行为动作自然得体、落落大方。

二是在交往的过程中，要热情并带有诚意。很多人都是敏感的，你的情绪和态度会被对方捕捉到。如果你热情并带有诚意，对方也多半会以相应的情绪和态度回应。

三是经过几次接触后，你发现对方符合做朋友的条件，那就要保持联系，常来常往，而不要“一去杳无音信”，态度忽冷忽热，总之要给对方传递一个清晰的交友信号。

只要每一次交往都能用心去践行这些信条，那么你就会树立起一个好的形象，朋友自然也会越来越多。

人生就要不断地缔结新关系，维持老关系。在这个过程中，通过各种交往与跟自己志同道合的人组成一个交际的圈子，通过自己的朋友再认识新的朋友，就可以快速拓展自己交往的范围，认识更多的人。

精敬于业，乐融于群

同事之间的关系很微妙。既不能过分亲密，也不能过于疏远。如果关系过于亲密，会让上司怀疑或误认为在搞“小帮派”“小团体”，不利于和领导处好关系；而如果与同事关系过于疏远，则会被人认为孤僻、不合群，不利于合作，那么怎样做才是合适的呢？

公司是一个团队，是一个有着共同奋斗目标的群体，从这个角度来说，同事之间没有根本性的矛盾，但又因为存在某些利益上的竞争，致使同事之间的关系很微妙。因此，要致力于建立一个以工作为核心、以团结友善为目标的团队，为此同事之间需要做到：

（1）友善真诚。友善真诚是同事间共事的基础。工作中，若同事需要帮助和支持，要力所能及地给予帮助和配合，这既是本分，又是情分。当然，帮助是有一定限度的，既要力所能及，不要越帮越忙，也不要越俎代庖，混淆了主客关系。

（2）平等对待。不管你是资深的职场老职员，还是新近就职的新员工，都需要丢掉不平等的观念。心存自大或心存自卑都是同事间相处的大忌，不利于同事之间的交流和往来。只有秉持平等待人的观念交流往来，才利于双方关系的和谐与稳定。当然这里所说的平等待人，是建立在尊重友善的基础之上的。

（3）重诺守信。重诺守信在同事交往中非常重要。没有把握或做不到的事，不要轻易许诺，不能说空话、大话。允诺的事要千方百计地兑现。若没有办成，应该诚恳地向对方解释说明，并致歉意，不可不了了之。在同事心中建立起诚信的形象，有利于后续的交往合作。

（4）尊重他人。同事之间，虽然很熟，但尊重是必不可少的。既要尊重那些水平比自己高、能力比自己强的同事，也要尊重那些不如自己的同事。不要在同事面前摆出一副趾高气扬、盛气凌人的模样，也不要以质问的口气和同事说话，总之，要以尊重为前提，与同事交流往来。

（5）勇于承担责任。承担责任需要一定的勇气，因为责任者可能会因此受到责罚。在职责清晰的情况下，责任者容易分清，但如果职责不十分清晰，责任者则不容易分清。如果是“肇事”群体中的一员，就要有勇气去面对它、承认它，承担自己的责任。这样就会在同事面前树立起有担当的正面形象。

（6）懂得谦虚。法国哲学家罗西法古说：“如果你要得到仇人，就表现得比你的朋友优越；如果你要得到朋友，就要让你的朋友表现得比你优越。”这句话告诉我们，为人谦虚是必要的。谦虚的人往往能得到别人更多的信赖，能更好地与同事建立和谐关系。

（7）保持适当的距离。要和同事保持适当的距离，以避免不必要的麻烦。为此在工作中，需要你配合时要积极配合，但应注意不要喧宾夺主。不要加入某个“小团队”。对同事一视同仁，不要因和某人私交好，而无原则地袒护和纵容。要公私分明，私下里同事之间可以一起吃饭、一起旅游，但在工作中，你们是友好协作的同事、搭档，要以工作为核心，精诚合作。

总之，要抱着坦诚平和、乐观向上的态度融入公司团队，并处理好与同事的关系，做到精敬于业、乐融于群。

和他人保持合适的距离

先看一个小故事：

深冬刺骨的北风吹进洞穴，两只刺猬蜷缩在冰冷的洞穴里瑟瑟发抖。可是无论它们怎样蜷缩身子，还是感觉不到一丝暖意。就在快要被冻僵的时候，一只刺猬灵光一闪，向另一只刺猬提议道："我们为什么不贴紧一点儿呢？这样我们身上的热量就会散发得慢一些，还可以互相取暖。"另一只刺猬欣然同意。

起初，由于它们太急于取暖，彼此靠得太近，身上的尖刺刺痛了对方，只得立即分开。后来，寒冷迫使它们重新进行尝试，慢慢靠近对方，反反复复地分了聚、聚了分，在寒冷与刺痛中挣扎了许久，终于找到一个合适的距离。这个距离既能让它们互相取暖，又不会彼此刺伤。这两只刺猬就这样平安地度过了整个寒冷的冬天。

这就是“刺猬法则”，也被称为人际交往中的“心理距离效应”。它旨在告诉我们，与人交往时，关系过远或过近都可能无法取得令人满意的效果，“亲密有间”才是让彼此感觉最舒服的距离，并能最大限度地避免彼此受到伤害。

成功学大师卡耐基曾说：“最亲密的友谊和最强烈的憎恨，都源自过于亲近的关系。”多少好得不分彼此的朋友，多少如胶似漆的恋人，多少好得可以穿一条裤子的创业合伙人，最后却分道扬镳，各奔东西，甚至反目成仇。一旦两个人之间没有了距离，不再分你我，恩惠变成了恩宠，慷慨相赠变成了理所应当，其结果通常是曾经爱得多深，最后就伤得多深。

老子说：“大曰逝，逝曰远，远曰返。”如果一直任由感情升温，那么感情一定会慢慢消退，这是宇宙不可更改的根本规律。解决的办法很简单，那就是保持合适的距离。

要意识到，再好的朋友也是两个独立的个体，而不是一个人。朋友间保持一定的距离，不仅体现了一种大度的胸襟，也是让友谊之树长青的自然要求。友情就像弹簧一样，保持适度的距离以及适度拉伸和压缩，都会使之保持永久的弹性美。

距离是人际关系的自然属性。两个人能成为好朋友，只说明这两个人在某些方面具有共同的目标、爱好或见解，以及融洽的心灵沟通，但并不能说明这两个人是毫无间隙、可融为一体的。任何事物都存在着其独自的个性，事物的共性存在于个性之中。共性是友谊中的连接带和润滑剂，而个性和距离则是让朋友相吸引并永久保持友谊生命力的根本所在。

交友的过程往往是一个彼此气质相互吸引的过程，因为两人有共同的“东西”，所以一下子就越过鸿沟而成了好朋友，甚至“一见如故，相见恨晚”。这种现象无论是异性还是同性都一样。但再怎么相互吸引，双方还是有些差异的，因为双方成长于不同的环境，受不同的教育，因此不管人生观、价值观再怎么接近，也不可能完全相同。当友情的“蜜月期”一过，便不可避免地要碰触彼此的差异，于是从尊重对方开始变成容忍对方，到最后成为要求对方。当要求不能如愿时，便开始背后的挑剔、批评，然后友谊的小船说翻就翻了。

对于管理者而言，与下属保持合适的距离，一方面有助于下属正常工作，在一定程度上减少奉承、送礼这些职场陋习；另一方面能避免因与下属来往过密而致工作不便的尴尬局面。一个优秀的领导者跟员工相处应做到“疏者密之，密者疏之”，保持一个适当的距离。

在和客户往来时，也要保持合适的距离，不要过度亲密，要保持客观与独立。过度亲密很容易让人失去客观立场，由此而受制于关系，导致合作中出现你不知如何开口，他不知如何应对的尴尬局面，对双方在生意场上的合作与日常往来都有所影响。

大多数人的一生都在不断地认识新人，缔结新关系，但往往又因处理不好各种关系，而让自己陷入苦恼之中。人就是这样奇怪：未得到时，总想得到；未靠近时，总想靠在一起，真正得到和靠近却又太过苛求。人总是在无意中为难自己，也为难他人。

如上面所说，解决的办法很简单，也很有效，那就是谨记“刺猬法则”，保持一个对彼此来说都合适的距离，让距离缔造“美”、缔造和谐。那么多远的距离为合适呢？不妨参考一下人类学家爱德华·霍尔博士划分并制定的四种人际交往距离法则。

爱德华·霍尔博士根据个体空间的感受和需求将人际交往应保持的距离划分为四种，分别是公共距离、社交距离、个人距离、亲密距离。公共距离为 12 英尺（约 3.66 米）以上，适用于陌生人之间，或有演讲者与听众的场合。社交距离为 4 ~ 12 英尺（1.22 ~ 3.66 米），适用于一般工作场合和社交聚会。个人距离为 1.5 ~ 4 英尺（46 ~ 122 厘米），适用于认识但没有特殊关系的人之间。亲密距离为 0 ~ 18 英寸（0 ~ 46 厘米），适用于有亲密关系的人之间，是人际交往中的最小间隔，即我们常说的“亲密无间”。

保持合适的距离，是保持良好人际关系的必要前提。在谋划和某人交往时，要记得和对方保持一个让双方都感觉合适、舒服的距离，这对你们的来往和合作大有好处。

让别人觉得自己很重要

几乎每个人都希望他人看重自己，都希望自己能得到他人的肯定和喜欢。这是无可厚非的，人的这种自重感让人愿意花费很大精力，甚至不遗余力地来谋求他人的认可。可是很多时候，绝大多数人往往忽略了一个非常重要的前提，那就是“欲得先予”，具体来说就是你希望别人怎么对你，你就要先怎样对别人。你希望别人看重你、喜欢你，你就要先看重别人、喜欢别人（即便别人不优秀），让别人觉得自己很重要，这样对方才会投桃报李，对你展示他的友好和对你的好感。

成功学大师卡耐基在他的著作中讲述了他亲身经历的一件事，对我们有很大的启发。在书中他写道：

> 我在纽约市33号大街与第八大道交界处的邮局排队，准备寄挂号信的时候，发现有一个职员似乎感觉他现在的工作特别无聊：称量信件、贴邮票、找零钱、发送回执，不停地重复着这些单调的工作。我暗暗对自己说：我不妨尝试一下

让那个职员喜欢我。想要让他喜欢我，我肯定要对他说点他爱听的话，不能说我的事，只能说他的事。所以我便用心地观察，看他的身上是否有可以让我由衷欣赏的特质？

在很多情况下，这个问题并不好回答，特别是和陌生人有关的时候。但是在今天这样的情况下，它变得不是那么难了，很快，我就在他的身上发现了使人欣赏的特质。

在他给我称信件重量的时候，我真诚地对他说："我真羡慕你有这么好的头发，如果我也有一头像你一样的头发该多好啊！"

他惊讶地抬起头，面带微笑地看着我说道："啊，是吗？现在不如从前好了。"我对他说："即使这满头的浓发可能失去了一点原始的光泽，但是发质仍然很好，要超过许多人的发质。"他高兴地和我聊了几句，临走时，他对我说："其实，有很多人都羡慕我的头发。"

我敢保证，这位先生会开心一整天的。我还敢说，他晚上回家以后一定会把这件事情讲给他的妻子听，也一定会去照镜子，并且会高兴地对自己说："我的头发真的是太美了。"

有一次，我在演讲中提起了这件事，有一个人问我："你想从他那里得到些什么呢？"

我想从他那里得到什么呢？我从他那里又能得到什么呢？

如果一个人如此自私，自私到自己付出一点小小的善意和一句发自内心的赞美也要求什么回报的话，如果得不到什么的话就不会让别人感到自己很重要，也不会对他人说一句赞美的话；如果我们的心胸如此狭隘，那么我们一定会因为我们的自私和狭隘遭遇失败。哦，不过话说回来，我确实希望从那位先生的身上得到点什么。我想要从他身上得到的是无价之宝，但是我已经得到了——我得到了付出而不求回报的心灵上的美好感受。这种美妙的感受会深深地留在我的脑海里，让我长久不能忘怀。

这段对往事的描述让我们懂得了人与人相处要遵循一项重要的法则，即要让他人觉得自己很重要。懂得这一点是非常重要的，如果我们遵循了这项法则，就会让自己结识更多朋友，且不会让自己陷入麻烦和困境中。反之，如果没有遵循这项法则，不但会让自己孤独到老，而且会时不时陷入麻烦和困境中。

著名哲学家约翰·杜威曾说："人性中最深的动力就是对重视的渴求。"心理学家威廉·詹姆斯也说过："人性的根源深处，非常渴望得到他人的认同和赞赏。"这从人性的层面解读了人非常渴望和重视来自他人的认可。实际上不但没做出大成就的普通人希望获得别人的看重，就连那些成功人士也十分渴望获得人们的认可和称赞。

既然如此，在与人往来和交流时，要谋得和对方的良好关系，我们就要采取措施，让他人觉得自己很重要。具体如何做呢？很简单，就是在与对方接触时，始终秉持"己之所欲，先施于人"的准则行事。什么意思呢？就是往来时多作换位思考，自己在意的、想要的，要尽可能先给予对方，让对方感到自己获得了尊重。

其中有几个细节需要注意：一是在对方讲话时，要认真聆听，即便对方的讲话很无趣，也要装出感兴趣的样子。二是肯定和赞美对方时，态度一定要真诚，赞许的地方也要适当，不要乱恭维。三是多谈对方和对方在意的事情，少谈自己和自己感兴趣的事。四是在交流中，要多用“您做得非常好”“您真棒”等用语，少用“换作是我，可能会完成得更好”“我也可以”等表现自己的用语。

三人行必有我师焉，懂得尊重和肯定别人，并通过适当的方式表现出来，就会在赢得他人好感、让他人心情愉悦的同时，为自己谋得良好的人际关系，可以说一举两得。

改变他人之前，先改变自己

我们都知道，形象很重要，人们常说“先敬罗衣后敬人，先敬皮囊后敬魂”，这句话有一定道理，这就要求我们在与人交往和合作前，要先打理好自己，先把自己“谋划”好、“包装”好，让自己以一个美好的形象出现在他人面前，给对方留下一个好的印象，以产生正面的首因效应（也称“第一印象效应”），以增加对方好感和信任感，提高往来和成功合作的概率。

通常情况下，与一个人初次见面，45 秒钟内就会产生第一印象。在生活节奏飞快的今天，很少有人愿意花时间去了解一个留给自己第一印象并不十分好的人。第一次见面时，对方的性别、年龄、体态、谈吐、神情、衣着打扮等，通常会给人留下深刻印象，并以此作为判断对方素养和个性的依据，所以在与人见面，特别是初次见面时，谋划好自己十分重要。

那么谋划好自己，要从哪些方面来进行呢？

（1）以“好”形象示人。这里所说的“好”，并不是指长相一定要靓丽俊美，而是说从容貌气质到穿着打扮要给人一种精致干练、精神饱满的感觉。人们常说的“先敬罗衣后敬人，先敬皮囊后敬魂”是有一定道理的。很多时候，绝大多数人是“以貌取人”的，才华和能力的展现常常“受限于”形象。一定程度上，良好的形象可以赢得机会，提高成功的概率，所以，为自己“谋划”一个让人看着舒服的“好”形象是非常有必要的。

《三国演义》中有这样一个桥段：名士庞统打算效力东吴，于是前去面见东吴霸主孙权。可孙权见庞统外貌粗陋，言行傲慢不羁，于是不顾鲁肃的苦言相劝，将这位智谋可比肩诸葛亮的奇才拒之门外。究其原因，并非庞统无能，也不是孙权不爱才，而只是庞统没能给孙权留下个好的第一印象。由此可见形象的重要性。

（2）设法让自己引人注目。如何才能让自己引人注目呢？有几点很重要，一是不要“泯于众”，要有自己的特色。只有与众不同，才容易给别人留下深刻印象。人云亦云，如出一辙，不会赢来关注的目光。二是找机会发挥自己的长处。要把自己的长处恰到好处地发挥出来，以赢得更多的关注和交流合作的机会。三是要充分利用自己的人格魅力影响人、感染人，为自己增加吸引力。每个人都有自己独特的气质魅力，要充分利用好。

（3）保持良好的精神状态。社交活动中，良好的精神状态不仅使自己充满自信，增强吸引力，还会不知不觉感染对方，获得好感，使双方的交往在愉快的气氛中进行，有利于社交关系的维系。反之，精神状态不好，无精打采，萎靡不振，对方也会因此而感觉压抑，使交往处于一个沉闷、抑郁的氛围中。为此在与人交往中，有必要保持一个良好的精神状态。

（4）提高自身的素质和能力。打铁还需自身硬。往小了说，为自己谋未来、为他人谋幸福，往大了说，齐家治国平天下，都需要有一个重要的前提，那就是“先修其身”。只有自身有较高的素质和能力，才能为他人、为社会、为国家谋得一个好未来，要不然就是空谈。

总之，在与人接触和来往时，一定要重视自身的“包装”，谋划好自身的形象，开阔眼界、提高见识，让自己“内外兼修”，最终才能为做事、为成功谋得一条便捷之路。

第六章

智能决谋，以情施策

人情是一笔“无形资本”，虽然看不见摸不着，却时刻在发挥作用。如果我们能把人情这无形的资本利用好，那我们谋求的很多事也必然会顺利很多。

以情感人，情通事顺

从福特公司出来后，艾科卡进入濒临破产的克莱斯勒汽车公司，担任总裁。在克莱斯勒汽车公司，艾科卡以其推动企业前进的高明手段、独特的沟通公关技巧、过人的勇气和不变的决心，缔造了美国企业史上一个大大的奇迹。

首先，他四处奔走于所有对公司有影响的公众团体，说服这些公众团体的负责人相信公司一定可以克服财务危机，渡过难关。他反复强调克莱斯勒汽车公司的存在与发展对美国的深远意义，以及保住员工饭碗与维护社会安定的重要性。最终艾科卡动情的演说博得了公众团体的同情、信任与支持，成功获得了银行的贷款，为公司解决了头等大事。

接下来，艾科卡来到基层，与员工进行了广泛的谈话。他说服大家对公司重建信心，鼓动众人团结一致，齐心协力打赢这场翻身仗。他向员工与工会表示，公司有能力克服危机，并有潜力造出适合市场需求的汽车，但必须先暂时牺牲部分薪资和若干福利以节省开销、积累资金。艾科卡从自身做起，率先把自己的年薪从36万美元缩减为1美元，直到公司盈利为止。他强调："作为企业的领导，最重要的一点就是身先士卒，做出表率。"正是在他的带领和感染下，公司内部从领导到普通员工，都毫无怨言地主动缩减薪资，勒紧裤腰带与公司同舟共济，共渡难关。

艾科卡身兼新品发言人及啦啦队队长，在多个场合为公司造声势。在这样的努力下，六年后，克莱斯勒汽车公司扭亏为盈，并一跃成为美国企业界的楷模，艾科卡也成了美国企业界的领袖人物、美国人心目中的英雄。

克莱斯勒汽车公司之所以能实现逆袭，与艾科卡超强的交流与沟通能力及有效的谈话技巧密切相关，他动情的演说和极具说服力的主张，打动了人心，获得了信任。无论是面对面的谈话、讲演、广告，还是在书中、信中，他都以直接坦率而又热忱的态度与公众交流，使投资人（政府和银行）以及员工从资金上、情感上给予他支持，说服国会议员、银行家、员工、经销商等相信公司的美好远景，众人拾柴火焰高，最终实现了艾科卡拯救公司的宏愿。

情感的理解和支持往往走在物质帮助之前，因此要想获得物质方面的帮助，就要先设法谋求情感上的理解和支持，做到以情感人、以情动人。

刘备诚意满满地三顾茅庐，最终打动了诸葛亮，使其决定结束隐居生活，出山辅佐刘备。刘备当时没有自己的地盘，没有自己的军队，可以说居无定所，过着颠沛流离的生活，但是诸葛亮却愿意为之效力，一个重要的原因就是为刘备的真情所触动。

加入刘备阵营后，诸葛亮竭尽所能，殚精竭虑，任劳任怨，刘备死后，又尽心尽力辅佐少主刘禅，可以用“鞠躬尽瘁，死而后已”来形容。可以说诸葛亮用半生来回报刘备的知遇之恩。

以情感人，情通事顺，是一种高级的谋略，亦是高明的处世之道，“爱人者，人恒爱之”，融化坚冰的从来都不是凛冽的寒风，而是暖阳，所以我们不妨从本心出发，放下那些不必要的戒备，以我们的真情换来对方的真心。

动之以情，晓之以理

动之以情，是用感情打动人心，主打的是“感情牌”。中国人最重感情，也是最讲感情的，所以若“感情牌”打得好，则无往而不利。

A君和几个朋友共同出资创办了一家家具公司，公司的效益一直不错，可有一次精明的A君却败走麦城，被人骗去一笔巨款，公司由此亏损严重，濒临倒闭。A君十分愧疚，将自己一个人关在屋子里，谁也不见，几个朋友也被他拒之门外。

他的妻子对他说：“你都两天没吃饭了，这样下去怎么能行！你不为自己着想，也得为我和孩子，还有公司其他人考虑考虑呀！都说你为人耿直，做事精明，工作认真，这一次谁都知道你是受了骗，这是没有办法的事情。大家都信任你、理解你，还会照样尊重你。这点挫折算啥？以前那么苦、那么难都没难倒过你，这次出了点问题，就这样了？大家都知道这事难不倒你，你肯定能带领大家走出困境的。不过你得吃、得喝、得保重身体呀！大家都为你着急呢！你开门吧，要不我们大家都在这里陪着你不吃不喝不睡觉。你就这样承认失败了，没人会说咱们是英雄，只会说咱们无能。”

妻子的话句句深情，条条在理，让人无以反驳。心如死灰的A君终于被触动，打开了房门。

人是情感型动物，最重视人情，也最讲人情。情与理是保证社会人际关系实现良性互动的两大支撑点。其中，理是行事的出发点，而人情却还在理的上面，常常处于优先考虑的位置，如果能做到以情动人，又以理服人，那么往往会让一些棘手难办的事情变得容易。

在林肯当选为美国总统那一刻，整个参议院的议员都感到尴尬，因为林肯的父亲是个鞋匠。当时美国参议员大部分出身名门望族，自认为是上流、优越的人，从未料到要面对的总统竟然是一个卑微的鞋匠的儿子。

在林肯登上演讲台准备演讲的时候，一位态度傲慢的参议员站起来说：“林肯先生，在你开始演讲之前，我希望你记住，你是一个鞋匠的儿子。”其他参议员听后都大笑起来，为自己虽然不能打败林肯但能羞辱他开怀不已。

等到众人的笑声停止，林肯神色郑重地说：“我非常感激你使我想起我的父亲。他已经过世了，我一定会永远记住你的忠告，我永远是鞋匠的儿子，同时我也知道我做总统永远无法像我父亲做鞋匠做得那么好。”

参议院陷入一片静默。林肯转头对那个傲慢的参议员说：“据我所知，我父亲以前也为你的家人做鞋，如果你的鞋不合脚，我可以帮你修好，虽然我不是伟大的鞋匠，但我从小就跟父亲学到了做鞋的技术。”说到这里，他又对其他的参议员说：

“参议院里任何人都一样，如果你们穿的哪双鞋是我父亲做的，而它们需要修理或改善，我一定尽可能帮忙，但是有一件事是可以确定的，我无法像我父亲那么伟大，他的手艺是无人能比的。”说到这里，林肯流下了眼泪，之前的嘲笑声瞬间化成了热烈的掌声。

林肯用自己的真情打动了现场所有人，其发言坦率，情感真挚，可以说浓浓情感溢于言表，使台下那些位高权重的参议员闻其声、知其言、见其心，进而达到感情上的融合、思想上的共鸣。试想一下，如果林肯在面对对方的挑衅，不动之以情，不声情并茂，而只是说一番干巴巴的大道理，相信必然不会收到如此好的效果。

一定程度上，要想在充满竞争的社会中站得住、行得通、吃得开，关键一点就是看你“占有”多少人情、懂得多少世故，并是否很好利用了。诸多事实都已经证明，有所成就的人无不深谙人情世故，无不通晓如何利用人情世故为自己的事业谋取成功的砝码。

天下万方，情义无价。对客户讲情义，不因投机心理偏离正道；对员工讲情义，不因自私背弃道义。如此，就能获得内外相助，何愁生意不顺。“世事洞明皆学问，人情练达即文章”，顺应人情去办事，去谋划人生，去实现理想，是我们成长的必修课。

在谋划打“情感牌”办事时，需要特别注意下面几点：

一是选择的对象要合适。若对象选择有误，施再多的人情也无用。

二是人情要做足。人情法则的一个重要特点是“恩大于施”，就是说人情要做充分、做到位，这样才可能让施出去的人情有“杀伤力”。

三是人情要“放长线钓大鱼”。现用现交的人情往往“易碎”，要想让人情禁得起用，就要学会“放长线”，平时用心维系，这样才可能达到“养兵千日，用兵一时”的效果。

礼尚往来，人情互惠

尼泊尔高原的雪地上，刺骨的寒风裹挟着暴风雪扑面而来，让人睁不开眼睛。一名男子在雪地上孤零零地走了很久，只留下身后一串深深的脚印陪伴着他。茫茫雪地中，始终不见人迹，男子继续孤零零地走着，忽见另一条路上蹒跚走来一人。空旷的大雪天遇到一个同道中人，男子很高兴，他们自然而然地成了旅途中的伙伴。

为了保存热能，两人只是默默地走着路，并没有过多交谈。路上，他们看到一位倒在雪地里的老人。如果置之不理，老人就会被冻死。但如果选择救老人，他们自己也说不准能否顺利走完下面的路。男子对同伴说："我们带老人一起走吧。"同伴看了看老人，冷漠地说："这种鬼天气，我们自己能活着走出去就不错了，谁还能顾得了他呀！"说完就独自走了。

男子不忍心丢下老人，于是只得独自背起老人继续前行。不知走了多久，男子的全身都被汗水浸湿了，老人慢慢地恢复了知觉。两人彼此依靠，相互取暖，抵挡住了凛冽的寒风和暴雪。

当男子和他背上的老人看到村庄的时候，两个人脸上浮现出微笑。距村庄还有四五千米的地方，路边躺着一具已经冻僵的尸体。男子走近一看，有些惊讶。原来冻死的正是他半路上遇到的同伴，这个距村庄仅四五千米的地方，成了他的长眠之地。

爱默生曾说："人生最美丽的报偿之一，就是你真诚地帮助别人的同时，也帮助了自己。助人就是助己。"男子付出了许多汗水，甚至不顾自己的安危。作为回报，老人用身体替他抵抗了严寒。在这里，两人相互帮助，生命由此得以出现奇迹。

古语有云："投我以桃，报之以李。"这种互惠心理来源于人类社会早期形成的本能。考古学家理查德·利基指出，人类之所以成为人类，正是由于这种互惠系统，让"我们的祖先在一个公平的偿还网络中分享着他们的食物和技能"。它体现了人际交往中的一个重要准则——礼尚往来，人情互惠，也就是社会心理学上所说的"互酬效应"。

甲患病住院治疗，一个楼区的乙带着一大包礼品跑去探望，甲大为感动。时隔不久，乙家不幸遭受火灾，损失不小。甲立即前去慰问，给乙带来了极大的安慰。

实际上，甲和乙两人关系一般，平时来往也不多，但是经过以上两次“互访”后，两人情感逐渐靠近，关系变得日益密切，最终成为一对肝胆相照的好朋友。

所谓互酬，就是互相酬偿、互相帮助的意思，是人与人在思想、感情、行为、利益等方面的“礼尚往来”。人是社会性动物，也是情感型动物，不仅注重物质方面的互酬，也重视精神、思想和感情方面的互酬。所以，聪明人都懂得从多方面谋划与人“互酬”，以建立良好的人际关系。

利益互酬是在物质方面进行的一种“交换”。逢年过节、结婚生育、乔迁新居时，互送礼物，表达一份心意；朋友生活困难，你慷慨解囊，鼎力相助。日后你有困难时，对方仗义出手，全力相助，这些都属于利益互酬。

利益互酬客观上会加深人与人的了解，增进彼此的感情。所以，它表面上是物质的交换，但最终还是会落到情感方面。

精神方面的互酬历来更为人们所注重。它如同一面镜子，你若对它微笑，它也自然会对你微笑，你若对它板起面孔，它也会对你板起面孔。“投之以桃，报之以李”“滴水之恩，涌泉相报”，以及你有情我有义，说的都是精神方面的互酬。

日常生活中，可“谋划”从下列几方面进行情感方面的互酬：

（1）真诚待人。真诚是人的品性中最为人所注重的。真诚的人能使人产生一种安全感，从而受人欢迎，易交朋友。真诚待人常表现在与人来往时讲真话，办实事，不糊弄人。即便彼此看法相悖，也不隐瞒矫饰，而是实话实说。

（2）真心帮助。当朋友有困难需要帮助时，不要袖手旁观，更不要幸灾乐祸，要及时伸出援助之手，尽己所能，给予真心帮助。

（3）常来常往。虽然说君子之交淡如水，但也要保持必然的联系，最好能常来常往。一是有利于感情的增进，二是在对方需要帮助时，可以及时伸出援助之手。

无论是利益互酬，还是精神方面的互酬，都不是无目的地给予，而是看准人之所需、己之所求，有针对性地互通有无、相互往来，最终建立起长期的友好往来的关系。

多数情况下，人们向往的还是情感上的满足与互酬，崇尚和追求“千里送鹅毛，礼轻情意重”。很多时候，小小的情感“投资”可能会赢得大的回报，不过我们要摒弃功利主义和“攀高枝”的思想，秉持真诚待人的观念与人交流往来。

谋得共情，赢得未来

世上最可贵的情感之一就是感同身受，可是感同身受又是很难做到的，由此有人说，世上真正的感同身受是没有的。虽然无法做到真正的感同身受，但共情却是常见的，同时也是不可或缺的。

成功学大师卡耐基曾说：有这样一句神奇的话，它能够平息争执，消除猜忌，引发好感，并且会使他人认真倾听你的诉说，你知道这句话是什么话吗？请记住，这句话就是："你的感受我一点儿都不否认，如果换作是我，我也会和你有相同的感受。"这就是"共情"。

共情，常称为"同理心"，简单地说就是体验别人内心世界的能力。举例来说，有人遭遇了不幸，内心很难受，而你作为他的朋友，或者路人甲，得知了对方的遭遇，很理解对方，内心不免为他感到难过，就像你遭遇了那样的事，这就是共情。

共情能力是一种重要的社交能力，是高情商的表现，能够做到共情的人，往往能更好地与他人相处，亦有更好的能力去维系关系。但是共情并非完全受我们良心的驱使而自发涌现，它是可以被人为操控的，心理学研究表明，共情完全可以被人为操控，进而影响和左右一个人对事物性质的判断，也就是我们常说的情绪共情或认知共情。

有些人擅长利用共情，他们往往通过一些煽情的语言或者以讲故事的方式，把话说到对方的心里，勾起对方的某种情感，进而“支配”对方的行为，最终达到他们想要达到的目的。

以下是英国首相丘吉尔在美国的一次演讲：

我远离祖国，远离我的家庭。在这里欢度这一年一度的佳节。但确切地说，我并不觉得寂寞和孤独。或者是因为我乡亲的血缘关系，或许是因为我们伟大的人民在共同事业中所表现出来的那种压倒一切的友谊的情感，在美国的中心和最高权力的所在地，我根本不觉得自己是个外来者。我们的人民讲着同样的语言，有着同样的宗教和信仰，还在很大程度上追求着同样的理想。我所能感到的是一种和谐的、兄弟间亲密无间的气氛。

此时此刻，在一片战争的混乱中，今晚，在所有的郊外别墅里，在每一颗宽容无私的心灵中，我们得到了灵魂的安宁。因此，我们至少可以在今天晚上，把那些困扰我们的各种担心和危险搁置一边，并在这个充满风景的世界里，为我们的孩子准备一个幸福的夜晚。那么，此时此刻，在今天这个夜晚，讲英语的世界中的每个家庭都应该是一个幸福与和平的小岛……

这是丘吉尔为了说服美国参加对德作战，而对美国人民发表的一次动员演讲。在这里丘吉尔非常成功地利用了共情，谋得了美国人民的大力支持：共同的语言、共同的宗教信仰、共同的理想及两国长期的友好关系，这些都成为美英之间相互信任、理解和支持的桥梁与纽带，有了这样牢不可破的基础，那么一切敌对情绪都是可以减弱的、消除的。

事实证明，当他深情地祈愿美英每个家庭都应过一个和平安详的圣诞节时，美国人民心中善良、正义的本性开始苏醒，最终被打动了，具体地说是被丘吉尔炽热的情感感动了。

触龙说服赵太后也是充分利用了对方的共情，才最终得以成功说服对方。

赵国遭到秦国攻击。赵国向齐国求救，齐国答应出兵援助，但前提条件是要赵国公子长安君为人质。长安君的母亲赵太后溺爱长安君，不答应齐国的条件。大臣们都劝说赵太后以大局为重，可赵太后坚决不答应，并说："谁要是再来劝我，我就要朝他的脸上吐唾沫！"

左师触龙去见赵太后。赵太后怒气冲冲地等着他。触龙的脚有毛病，他小步快跑到赵太后面前，先嘘寒问暖了一番，然后说："我有一个儿子叫舒祺，年龄最小，又偏偏不成器。现在我已经老了，不中用了，可心中又非常怜爱他，所以来求您给他在宫中安排一个侍卫的职位。我想在我还没离世之前把他托付给您。”

赵太后听后心有所感，就说：“没想到你们男人也这么疼爱孩子。”

触龙说：“男人疼爱孩子比妇女还厉害呢！”

赵太后说：“不，还是妇人更爱孩子。”

触龙随即说道：“我看您爱女儿燕后胜过爱长安君。”

赵太后说：“你错了，我更爱长安君。”

触龙说：“我看不然。父母爱自己的孩子，应替他们作长远打算。您送女儿出嫁时，哭哭啼啼，这是因为她远嫁燕国。她嫁过去以后，您不是不想念她，可在祭祀时却祷告上天不要让她回来，这是为了使燕后的子孙世世代代做国君，也正是为她作长远打算。”

太后听后，不由得点头称是。

触龙又问道：“从现在往前数，直到赵国建国的时候，赵国君主的子孙有被封侯的，他们子孙的后代还有被封侯的吗？”

赵太后想了想说：“没有。”

触龙说：“这个事实说明，国君的子孙虽然没有功劳，但地位尊贵；虽然没创出功业，俸禄却优厚。但那些没有经历磨炼的，自然就衰败了。如今，您也使长安君有尊贵的地位，赐予他肥沃的土地，分给他贵重的宝物，却不趁此时让他为赵国出力建功，一旦您不在了，他如何能在赵国保持原有的地位呢？难道这就是您为他作的长远打算吗？”

听到这里，赵太后恍然大悟，对触龙说："你讲得有道理，这件事就委托给你办理吧！"就这样，长安君被送到齐国做人质。之后齐国也如约出兵救赵，赵国的危难得以解除。

共情是一种高级谋略，考验的是当事人对世事、人情、人性的把控，运用得好，可以达到神奇的效果。当然，在利用他人共情来谋求问题的解决时，一定要秉持与人为善的初衷，同时把握好平衡。另外，我们亦要完善自身的人格，丰富自己的生活经验，保持弹性思维，避免被别有用心的人利用。

推功揽过，修己达人

人人都喜欢赞美，都喜欢听肯定、表扬自己的话，同样，也都喜欢功，不喜欢过，不愿意承担责任，所以说揽功诿过是人之常情。虽然是人之常情，但却是不明智的。

有两个在洗浴中心上班的工作人员，一个在楼上更衣室做服务工作，一个在地下休息室做服务工作。来洗浴的顾客有的自带茶杯，用更衣室工作人员茶瓶里的开水泡茶。时间长了，更衣室的工作人员有些怨气，说更衣室不负责提供开水，需要热水可以去地下休息室去倒。

来洗浴的人多是老顾客，时间久了与工作人员相互熟识了，所以，更衣室的工作人员虽然对于倒自己开水之事有些怨气，可是又抹不开情面，也就没有多说什么。

有一次一位顾客见更衣室没热水，就来到地下休息室倒水。这里的工作人员问为什么不用更衣室的开水。这位顾客回答：更衣室的工作人员忙，没有时间打水。休息区的工作人员立刻不愿意了：他忙，难道我不忙吗？这些水是我一趟趟拎过来的，很麻烦的。他倒省事了，我却增加了工作量。

这话传到更衣室的工作人员耳中后，他也很气愤：顾客就应该到休息室倒水，这是他的职责。更衣室不负责给顾客提供开水，顾客喝这里的水是我和他们的情分。他没有尽到职责不说，还净说说我的不是，怎么想的。

随后，两人又先后去洗浴中心主管经理那儿争功。更衣室的工作人员说：为在更衣室休息的顾客提供开水服务，减轻了地下休息区工作人员的工作负担，同时还赢得了顾客的好评。

地下休息室的师傅也不甘落后，说自己对休息区来倒开水的顾客服务热情，不厌其烦地跑来跑去打开水，浴室生意兴隆有他的一份功劳。

从中可见，揽功去过是人趋吉避凶的一种本性。事情做好了，是自己考虑周全、安排得当的结果，而一旦事情没有做好，全怪他人思考不周或者操作不力，自己没有任何责任。

在工作和与人交往中，如果经常揽功诿过，有好事急上前，遇事不敢担当，一定会让自己的路越走越窄的。没人愿意与这样的人交往。所以，那些有谋略的人常常反其道而行之，变揽功诿过为推功揽过。一个幽默故事说明了这一点：

一只猫千辛万苦捉到只老鼠，却在戏弄一番后将其放了。

看家狗十分奇怪，就问：“好不容易找到手，又为何放了呢？”

这只猫回答：“自然是有原因的。这次我是和上司一起来捉老鼠的，现在我的上司还没捉到老鼠，我怎么能捉到呢？”

这只猫先把这只老鼠折磨得筋疲力尽后放走，好让上司轻易就可以捉到它。上司得到功劳，自然清楚是怎么回事，不免内心对它产生感激，这样它就会讨取上司的信任和提拔。

仔细分析一下，在职场，或与人交往中，一些喜欢揽功诿过的人往往将功劳全揽到自己身上，好像所有的好事都是他一个人干的，没有他事情一定不会完成，论功劳他是第一位的。在争取功劳的同时却把一些过失推给别人。

如此一来，可能会因此获得上级的表扬和嘉奖，但是却一定会让其他参与者不高兴，甚至惹来他们的怨恨，从此对他“敬而远之”，不管做什么事都不再配合，甚至还会阻挠对方。这样的话，这样的人还想再有所发展，那将是极为困难的。

那些富有谋略之人，洞悉里面情感天平的变化。所以，他们常变揽功诿过为推功揽过，懂得适时“牺牲”，将功劳视为大家共同努力的结果，而过失由自己承担。即送给大家一份人情。大家心里清楚事情原本的样子，自然对这份人情报以认可和感激，从而愿意聚集在这些人身边，愿意为之提供帮助和支持。这样的人到哪儿都会受到众人的认可和欢迎。

第七章

先求利他，后谋利己

现实世界是功利的，利益是推动社会进步、发展自我的强大动力之源，所以为利而动无可厚非，但是一定要注意所追逐的“利”是适当的，所采用的方法是正当的。利己之前，先求利他。

谋人事如谋己事

李斯在《谏逐客书》中说："是以泰山不让土壤，故能成其大；河海不择细流，故能就其深；王者不却众庶，故能明其德。"这句话突出了两点：一是做人做事要有格局，有格局才有高度；二是要注重基础，不轻视、不忽略、不排斥微小的事物。具备了这两点，就可"成其大""就其深"。

一次平定叛乱后，楚庄王设宴款待群臣，还让后宫的嫔妃出席助兴。一时间，丝竹之声不绝于耳，佳人轻歌曼舞，席间觥筹交错，欢歌笑语，十分热闹。黄昏时分，众人还没有尽兴，楚庄王于是命人掌灯，众人继续喝酒畅谈。楚庄王还特地叫自己的两名爱妃向众人敬酒。

一阵风拂过，灯光被吹灭，黑暗中，一名官员趁着酒醉，竟拉住楚庄王一名爱妃的手不放。拉扯中，这名妃子拽下这名官员帽子上的缨带，然后急忙回到楚庄王身边告状，让庄王下令将灯点亮，找出刚才无礼侵犯自己的人。

只要将灯点亮，找到帽缨被拽掉的人，就可以知道谁是那个胆大妄为之人。可是楚庄王却没有让人重新点亮火烛，而是高声说："不必急着点亮烛火，今日寡人高兴，务必与各位一醉方休，你们都把帽缨取下，方便我们喝酒。"

众人听令纷纷把帽缨取下。稍后庄王才命人将烛火重新点亮。接着众人继续喝酒，闹到很晚才散去。回到后宫后，楚庄王的那个妃子埋怨庄王不给她出气。庄王说："今日宴饮为的是酬谢众人，融洽君臣关系。酒后失礼情有可原，如果加以责罚，一是败坏了大家的兴致，二是有损君臣关系，再说罪不当罚……"

多年后，楚国攻伐郑国，一名将领主动请缨，率领手下兵士不顾前方危险奋勇向前，势不可当，直杀得郑军溃不成军。

战后楚庄王论功行赏，庄王问这名勇猛的将领要什么赏赐。出人意料的是这名将领表示不要任何赏赐。庄王很奇怪，就问为什么。这名将领犹豫了一会儿，最后向庄王坦承多年前宴席上那个无礼之人就是自己。这次奋不顾身杀敌就是为了报君主当年不究之恩。

可能庄王自己也没有想到，昔日的小小宽容竟带来了今日丰厚的回报。无独有偶，战国"四公子"之一的齐国孟尝君也曾因"高风亮节"为自己谋来一次重生的机遇。

孟尝君门下一食客与孟尝君的爱妃私通。有人知道后，告诉了孟尝君。孟尝君没有像想象中那样大动肝火，而是温和地说："爱美之心人皆有之，人之常情，这事就这样吧！"

一年后，孟尝君找来那名食客，对他说："你来我处已很久，没有为你寻觅到合适的官职，我与卫国国君关系很好，现在我将你推荐给他，希望你好好跟他做事。"

食客到了卫国，受到卫国国君的欢迎，并受到重用。一段时间后，齐国与卫国的关系开始恶化。卫国欲联合其他诸侯共同讨伐齐国。那名食客知道后，急忙去见卫国国君，说："孟尝君对我有恩，你们的关系又很要好，我还听说齐国和卫国的先君曾歃血立誓，约定齐卫两国永不攻伐，如今您却要联合诸侯伐齐，我希望您放弃这个主张，如果您不听我劝告，我现在就死在您面前。"说着就要自杀。卫国国君忙上前制止，并答应不再联合诸侯攻齐。

由此看来，说格局决定结局，是有一定道理的。有的时候，决定一个人命运的，不全是他的天赋，也不只是他的出身和努力，还与他的格局有着紧密的关系。有什么样的格局，就相应会有什么样的结局。有格局的人如身处山峰之巅，站在更高的层面、更高的角度考虑问题、处理事情，他们注重的是前景、潜力，以及全局、整体的利益，因此不拘泥于眼前的得失，勇于打破陈规旧俗，换来的自然是不一样的结局。

用飞机来运送快递，在今天是再平常不过的事情，然而，当第一包邮件被放到专门的飞机上投递之前，有谁敢这样想、这样做呢？弗雷德·史密斯就是这个有格局者，他是联邦快递历史上最著名的管理者，快递运输改革的第一人。

最终，史密斯不但做了，而且越做越好。在经过初期两年的不断亏损之后，史密斯的客户们终于意识到了飞机运输所带来的好处，因此他手中的货源不断增加，而货源的增加也使得单件运送货物的成本不断下降。在这样的良性循环下，联邦快递取得了长足的进步，很快就超越同行业的其他企业，成为占据世界运输市场份额第一的国际性运输集团。

谋大事者必要有大格局。正所谓将军有剑不斩苍蝇；欲成大树，莫与草争。如果眼中看的是星辰大海，还会执念于风花雪月吗？因此无论是追求人生理想，还是解决生活问题，都要着眼未来，立足长远，力求从大局出发制定策略，方可能获得令人满意的结果。

俗话说："谋人事如谋己事"，若真能做到帮别人谋划事情如为自己谋事的高度，那由此出发看事情和处理问题的视角必然更全面，对各方面的利益关系平衡得更好，其结局也真的多半会让人更满意。

先帮他人谋得成功

人人都想成功，但不能为了成功而不择手段；人人都想发达，但往往先帮助别人发达了，自己才能发达。事情往往是，你帮助了别人，别人也会帮助你。一事吃亏，可能百事得益；吃亏一时，可能受益一生。所以，在一定程度上先谋求他人成功反而是一条能让自己也成功的捷径。

17 世纪 60 年代，劳埃德在泰晤士河边开了一家咖啡馆。很快这家咖啡馆成了船老板、海员、掮客等各行各业人聚会的地方，很多信息在此交流，俨然成了一个“信息汇聚地”。

英国之所以成为世界经济强国，海运事业的兴盛起到了重大的作用。酒店、咖啡店等地方成了商人们的必到之地。他们在这里畅谈世界各地的奇闻逸事，交流商业信息。

一天，咖啡馆老板劳埃德听到一个海员跟人聊天时说，有一个伦巴第人在搞海运保险。这随随便便的一句话，却在劳埃德的心中掀起了波澜。

劳埃德想：我何不利用现成的条件，与这些老顾客们联手搞一搞海运保险呢？他将自己的这个想法讲给别人听。很多人都说，这件事是很危险的，大海无情，海浪是很容易把一条大船掀翻的，出了事谁赔得起！海运保险等于拿着英镑往大海里扔！

劳埃德虽然有些犹豫，但并不死心，他又不断地咨询那些从事海上贸易的老板，没想到老板们对此却很感兴趣。很多船长、船员、供应商、货主等纷纷表示，如果劳埃德真的下定决心来搞海运保险，他们都会支持。

有了这些人的支持，劳埃德终于下了决心。不久，“劳埃德保险公司”就在泰晤士河畔成立了。事实证明，劳埃德获得了成功，“劳埃德保险公司”发展迅速，日益壮大。除了海运保险，“劳埃德保险公司”还受理火箭发送、人造地球卫星、个人名誉保险等业务，可以说无所不保，无奇不有。“劳埃德保险公司”成了英国人引以为豪的名气最大的、实力最雄厚的保险公司。

劳埃德的成功路径不难理解，那就是先保证别人成功，在成功服务大众的基础上，再获取自己的成功。

人与人之间的相处，大多数时候并不是非你即他的单项选择题——有你没他，有他没你；而是道多项选择题，既可以有你，也可以有他，若处理得当，往往能够实现双赢。

有位果农培育出一种皮薄、肉厚、汁甜的鲜桃新品种。这个新品种一上市，就引起销售商的热烈追捧，纷纷下订单预购。这位果农由此发了大财。附近的果农都十分羡慕，他们也想引进这个新品种，于是便与这位果农商量。可是，这位果农担心其他果农抢了自己的生意，于是断然拒绝了引进的要求。

然而到了第二年收获的季节，这位果农的果子质量却远不如上年，还有些遭了虫害。销售商纷纷取消了与他的合作。果农很沮丧，怎么都想不通自己的果子为何质量下降得如此严重，于是就去向当地的农科站专家请教。

专家仔细询问了果树的生长情况以及果园附近的种植情况后告诉果农："果树开花时，蜜蜂、蝴蝶和风传播授粉，将新旧品种杂交，新品种的质量由此下降。"

果农又问："那要如何解决呢？"专家回答："很简单啊，你只要让附近的其他果农也种植这个新品种，就可以避免这种情况了。"果农恍然大悟。回到家后，他主动请附近的果农都引进自己的新品种。一年后，这位果农又一次大获丰收。

很多人都迷茫于如何成功、如何赚到钱，其实答案很简单，就看从什么高度去谋划、去着手实现，如果把目标建立在别人"损失"的基础上，那么世俗意义上的成功或许会来临，但是会有限，而且不会长远，但是如果把目标建立在别人也成功的基础上，那么自身的成功会不可限量，想要的"利"自然也会滚滚而来。

仔细想来，世上大的成功，几乎都是先让他人成功，然后自己的成功才会水到渠成。互联网经济的兴起就很好地说明了这一点，淘宝通过让别人买到物美价廉的商品获得了成功；微信靠沟通了无数人获得了成功；抖音靠帮助别人圆梦获得了成功……所以，从这个角度来看，成功的一个秘诀就是想办法让别人先成功。

善于吃亏是大智

说起吃亏，人们常提起下面这个小故事。

美国第九任总统威廉·亨利·哈里森小时候是个文静怕羞的孩子，害怕见生人。一些无聊的人把他当作傻瓜，常喜欢捉弄他。他们经常把一枚5分硬币和一枚1角硬币扔在他的面前，让他任意捡一个。威廉总是捡5分硬币，众人由此都嘲笑他。

有一天一位好心人问他："难道你不知道1角钱比5分钱数额更大吗？""当然知道，"威廉慢条斯理地说，"不过，如果我捡了那个1角的，恐怕他们就再没有兴趣扔钱给我了。"

或许看完这个小故事，很多人才会对"吃亏"有一个新的定义。

亏，自然很少有人愿意"吃"，主动吃亏的人更是少之又少，但善于吃亏却是另一码事，更多的时候，它体现出来的往往是一种格局、智慧，是依据形势而作的最优选，彰显了当事人高瞻远瞩的眼光，可视为一种以退为进的高明谋略。

王莽的新政不得人心，致各地起义纷起，汉高祖刘邦的九世孙刘秀和哥哥刘缜也趁乱揭竿而起，走上反抗的道路。纷争中，绿林军拥立刘秀的族兄刘玄为帝，年号“更始”。

刘缜屡立战功，为刘玄等人所猜忌。在他人的鼓动下，刘玄诛杀了刘缜。哥哥被杀，刘秀内心十分悲痛，但是却没有表现出来。在面见刘玄时，刘秀脸色如常，绝口不提哥哥被杀的事，只说自己的过失。在别人面前也和平时一样，神色正常，就好像没有发生过此事。

是刘秀无情吗？自然不是，刘秀和哥哥感情很好，哥哥被杀，他的内心自然万分悲痛，但是他知道自己此时还没有足够的力量为哥哥讨回公道，如果此时神色有异，抑或兴师问罪，那换来的多半是自己的罹难，所以他选择了隐忍，选择了吃亏。

刘秀无疑是明智的，他的隐忍和吃亏在很多人看来，是认尿，是对强权的妥协。客观地说，确实是这样，但是这种妥协却不是无头脑的、单纯的示弱和服输，而是有智谋的前进，不但换来了自身的平安，也赢得了发展机遇。

正是因为刘秀的示弱和吃亏，让刘玄觉得内心有愧，因此不但没有为难他，反而让他做了破虏大将军、武信侯。

后来，刘玄委派刘秀以大司马身份去河北安抚地方势力，刘秀欣然前往。在河北，刘秀获得了各方势力的支持，势力一步一步壮大起来。见时机成熟，刘秀公开宣告和更始政权决裂，走上称帝之路。

善于吃亏的人，心中常有一盘“棋”。他们眼光长远，深谙得与失的辩证关系，不拘泥于眼前的利益得失，为了最终的获益，舍小取大，舍卒保车，展现了高深的谋略能力。

一物流运输公司承运一客户的货物，中途遇山路塌方，耽搁了几天。货物是客户急需的。运输公司经理当即决定包一架专机，把货物及时送到客户手里。虽然这单生意公司赔了钱，但经理认为这样做是非常值得的，因为送去的不仅仅是货物，更是公司的信誉。

不得不说，这名经理是很有远见和魄力的，同时也是很有智慧的。从某种角度来看，生意场是人脉场，也是信誉场。一时利益上的吃亏，换来了公司的信誉、客户的信赖，自然是值得的。正因为考虑到这一点，这名经理毫不犹豫地选择了吃亏。

如果心中缺乏这种“可吃亏”的意识，认为，无论何种情况下，亏，都不可吃，都不能吃，都不宜吃，要坚决捍卫自身利益，在“亏”面前“永不退缩”，那样只会让自己更吃亏。

两只小羊在独木桥上相遇了，因桥面太窄，谁也无法通过，可是谁也不肯退让。对视一会儿后，两只小羊用犄角顶撞起来。双方互不示弱，拼死相抵，最终双双跌落桥下。

在一个到处都充满竞争的商业社会里，对于一个渴望成功的人来说，要做到甘愿吃亏，并不容易，不过凡事都有两面性，吃亏这件事也是如此，如果在工作中，由于你的谦让、你的让步，团队获得了成功，赢得了荣誉，公司获得了利润，那么，你的吃亏就是有价值的。

对于这样的吃亏，同事们心里有数，老板心里亦有数，你的形象必然会得到提升，你的人品价值必然会增加，在事业上你升迁的机会亦会由此大增。

总之，亏，不要随意吃，而要善于吃。善于吃亏，是基于当前的客观情况而做出的适时变通，它的核心在“善于”两字上，表现为在了解和把握相关因素的基础上，利用事物之间的联系，采取以退为进的策略，最终取得一种有利于自身的态势，它体现出来的是把握当下、放眼未来和当机立断的魄力以及运筹帷幄的全局谋略能力。善吃亏者，必为大谋，必得福报。

合则利，争则败

经商离不开社交与合作，很多老板深知社交之道与合作之道，并能运用到位。

20 世纪 70 年代，九龙仓就已经是香港最大的码头，人们常说，谁掌握了九龙仓，就等于掌握了中国香港大部分货物的装卸、储运业务。说它是块商家垂青的肥肉，或许有些不妥，但如果将商场比作战场，那九龙仓就是兵家必争之地。当时的情况是，九龙仓处在号称“地王”的英国财团“怡和洋行”的牢牢控制之下。

当时中国香港新晋地王李嘉诚看好九龙仓，想将其收购，他悄悄地买下了散户持有的约 1000 万股九龙仓股份，持股约 20%，与九龙仓的东家“怡和洋行”持有的股份相当。李嘉诚的行动惊动了“怡和洋行”，它开始大规模收购股份。李嘉诚面临的形势严峻起来。

李嘉诚在大力收购九龙仓股份的同时，亦在积极从英国人手中收购“和记黄埔”（英国四大洋行之一），进展一度受阻。就在剑拔弩张的关键时刻，另一华商巨头、“世界船王”

包玉刚加入了这场九龙仓争夺战。实际上，包玉刚也早就看好了九龙仓，只不过他手中只持有5%的九龙仓股份。

李嘉诚全面衡量了态势，决定和包玉刚联手。他秘密约见了包玉刚。经过交谈，两人达成合作协议，李嘉诚把手中的九龙仓股票转让给包玉刚，而作为回报，包玉刚协助李嘉诚承接“和记黄埔”9000万股股票。

这一下连消带打，化“可能为敌”为利益之友，一箭双雕，却又利人利己，形成了对己极为有利的态势，取得了进攻的主动地位。首先，李嘉诚退出九龙仓的争夺，包玉刚少了一个强大对手；其次，在包玉刚的协助下，李嘉诚获得了雄厚资金，加大了将“和记黄埔”纳入麾下的力度。

当时有实力争夺九龙仓的只有英国“怡和洋行”、地产商李嘉诚和“世界船王”包玉刚。这种三角的态势，要想一角去对付另一角，是很困难的，但如果其中两角联合起来对付另一角，那就相对容易。在这种情形下，李嘉诚和包玉刚联合起来，角力天平悄悄向他们倾斜。

在后续的竞争中，包玉刚出其不意地迅速购入1000万股九龙仓股票，而后又秘赴英国，从英国商人手中借了21亿港元，强力收购了2000万股九龙仓股票，最后以5000万股的绝对优势夺取了九龙仓的控制权，而李嘉诚也成功拿下“和记黄埔”，至此两人均大功告成。

李嘉诚和包玉刚的强强联手是此次控股争夺战成功的关键，如果两人各自为政，甚至相互竞争，必然会耗损自身实力，其结果断然不会乐观。

"钢铁大王"安德鲁·卡内基因竞标太平洋铁路公司的卧车合约，与布尔门铁路公司展开了竞争。双方为了夺标，不断降低报价，已到了无利可图的边缘。

一天，卡内基到太平洋铁路公司商谈投标事宜，在一家旅馆门口遇上了竞争对手布尔门铁路公司的董事长布尔门先生。"仇人"相见，按一般情况，应该"分外眼红"，但卡内基却主动上前向布尔门打招呼，并说："我们两家公司这样做，不是在自毁前程吗？"

布尔门自然知道，恶性竞争对双方都没有好处，不过，他并不愿意退出竞争。卡内基诚恳建议，双方可以携手合作，共同承接这项大业务。

布尔门沉默了一会儿，问道："如果合作的话，新公司的名字叫什么？"

卡内基马上明白了布尔门的意图。他毫不犹豫地回答："当然叫'布尔门卧车公司'啦！"

布尔门有些惊讶，随即脸上浮现微笑。就这样，两个竞争对手联手成立了一家新公司，承接了太平洋铁路公司卧车业务。在这笔业务中，布尔门和卡内基都赚到了钱。

合则利，争则败。在很多情况下，成功不必非要建立在一方损失的基础上，而是可以做到双赢的，只要双方愿意这样做，秉持"你好我好大家好"的初心，多作换位思考，把对方的事当作自己的事，考虑对方的利益，就总会"谋"到让双方都能获益的好办法的。

舍小利，求长远

舍小利而谋长远，考验的是当事人的眼光和格局，以及做事的谋略，其中涉及众多因素，比如对相关信息的掌握情况、对竞争对手的了解程度，以及自身的客观条件，等等，要对这些因素和情况熟稔在心，才可能让“舍”出去的小利换来未来大的收益。

邓禹是光武帝刘秀的开国元勋之一，位列“云台二十八将”之首。邓禹早年在京师长安游学时，就看出同在长安游学的刘秀不是凡夫俗子，便主动与之交往，两人关系由此变得十分密切。几年后，邓禹离京回家。

王莽地皇四年（公元23年），西汉宗室刘玄被各路起义军拥立为帝，年号“更始”，定都洛阳。众人听说邓禹才华横溢，多次将其推荐给刘玄。邓禹敏锐地觉察出新政权内部矛盾重重，更始帝刘玄懦弱无能，料想难成大事，于是婉言谢绝了举荐。

同年冬天，刘玄派刘秀以大司马的名义到河北去安抚各郡县。邓禹知道这个消息后，独自一人骑马追赶刘秀。追上刘秀后，刘秀半开玩笑地问邓禹："老朋友远道跑来见我，有什么要事吗？我现在掌有封官授职大权，想必要求个一官半职吧？"

邓禹说："此非所愿。"

刘秀问："那你所愿何为？"

邓禹笑着说："但愿明公威德加于四海，我能效尺寸之功，垂名于青史。"

刘秀心领神会，知道邓禹意在劝他成就帝王大业。晚上，刘秀留邓禹在自己住处就寝。两人避开随行人员，尽情畅谈。

邓禹分析了天下形势，向刘秀进献中兴汉室之策："眼下更始政权定都关西，然而关东尚未安宁。赤眉、青犊等起义军各占地盘；三辅地区民众群起，假号称雄。更始帝刘玄庸碌无为，没有主见，手下的将领贪图富贵，争权夺利，只图眼前享乐，缺乏忠良明智、深谋远虑的能人贤士。如今四方分崩离析，形势显而易见。您即使建下藩辅之功，恐怕也难建立像高祖那样的事业，凭明公的德才图谋天下……"

邓禹对政治、军事形势的正确分析和推心置腹的建议，坚定了刘秀创立帝王大业的信心。次日，刘秀便令手下人称邓禹为将军。此后，刘秀将邓禹视为心腹，有事常与其商量。

邓禹杖策追赶刘秀，进献兴复汉室之谋，东汉中兴名臣皆

不能及。所以邓禹虽然智不及张良、陈平，勇不及韩信、彭越，而后人推其为东汉功臣之冠，皆因其谋划长远。

邓禹料定更始政权不会长久，因而没有接受刘玄的“重用”，是“舍小利”，而选择追随刘秀，是因为料定其必成大业，将来自己会垂名青史，是“谋长远”，凸显了其敏锐的洞察力和高超的识人术及深谋远虑的智慧。

有一家大型电机厂一段时期内，生意不振，库房里堆满了积压的产品。董事会高薪聘请了一名总经理，全权负责销售事宜，希望能扭转不利局面。

总经理走马上任后，详细了解了产品积压情况，然后又对竞争对手以及当前所使用的推销术进行了认真分析，最后制订了一个“买一送一”的推销计划。买的是该厂新上市的一款电机（虽然新上市但销量不佳），送的是积压在库房的另一款电机。

“买一送一”是商家常用的推销手段，通常赠送的只是一些小额商品，价格往往不贵，曾在很长一段时期内，因模式的新奇，起到了促进消费的作用，但随着使用的普及，消费者慢慢失去了兴趣。可是这次新聘的总经理，谋划的“买一送一”计划与众不同，堪称大手笔，其中最吸引消费者的是赠送品不是一些可有可无、实用价值不大的东西，而是一款实用价值颇大、价格不菲的电机。

此推销计划一经推出，马上吸引了很多消费者，其中包括一些经销商和代理商。很快积压在库房的产品被抢购一空，其中包括赠送品——那款实用价值颇大、价格不菲的电机。

很多人怀疑这样的“赠送”是不是会让厂家血亏，实则厂家不仅没有血亏，反而还小赚了一笔，因为虽然赠送的电机价值不菲，但由于是积压品，仅节省一年的仓储租金、管理费以及产品的保养费、折损费就是一大笔钱，抵去产品的正常售价，还略有剩余，更为重要的是活动扩大了厂家和产品的知名度，产生了品牌效应，提高了产品的市场占有率，可以说达到了四两拨千斤的效果，获益颇丰。

在商业活动中，不只有“买一赠一”，还有抽奖、打折、返利、赠优惠券等多种推销活动，从本质上看，都是以小利谋大利的谋取术。很多商家十分擅长此道，可以说运用娴熟，在赚得人气的同时也赚到了实惠，不妨学习之。

给别人心中所想

16世纪初，很多科学家面临研究经费紧张的困境，意大利天文学家及数学家伽利略也面临同样的困难。他四处找赞助者，希望从他们那里获得资助。然而，那些赞助者通常都赠送礼物而不是赞助资金，这让伽利略的处境依旧窘迫。

1610年，伽利略通过望远镜发现了木星周围的卫星。他在寇西默二世登基时宣布了这个发现。他宣称，他从望远镜中看见木星周围有4颗卫星在环绕运行。伽利略赋予这4颗卫星以丰富的含义，他说4颗卫星代表了寇西默二世与其三个兄弟；卫星环绕木星运行，就如同寇西默二世兄弟四人围绕王朝的创建者寇西默一世一样。之后，伽利略委托他人制作了一枚精致的徽章——天神丘比特坐在云端之上，周围环绕着4颗星星。伽利略将这枚精致、底蕴丰富的徽章献给寇西默二世。之后，伽利略又将这项发现与一些大贵族扯上关系。

寇西默二世十分高兴，他任命伽利略为宫廷哲学家和数学家，享受全薪待遇。对于伽利略而言，这是他人生中最辉煌的岁月。有了这个身份和地位的加持，他可以继续他喜欢的科学研究，四处乞求赞助的日子终于结束了。

伽利略得以摆脱困境全在于他给予了别人想要的东西。当时的贵族实际上并不关心科学和真理，他们在意的是自己家族的名声与荣耀是否得到了颂扬。他们希望自己看起来比其他人更为显赫出众，伽利略投其所好，将他们的名字与广袤的宇宙关联，以满足他们的虚荣心。

伽利略的行为让这些贵族觉得自己不只是在做提供财源这样简单的事情，而是在参与一项前无古人的伟大事业，因此成就感满满。

不论什么时候，很多人都希望自己的地位安稳，并在智力、机敏度、人格魅力及贡献度方面优于其他人，这样他们才会高兴，才会愿意合作，即便在这个过程中他们吃些亏，也乐此不疲。这提醒我们要想与人达成合作，或获得对方的帮助，就要设法满足对方的需求。成功学大师卡耐基曾说，世上只有一种方法可以使任何一个人心甘情愿地去做任何一件事，这种方法就是把他所想要的、所需要的给他。

一家国企准备引进一批先进的生产设备，一名销售员获得这个信息后，暗下决心要拿到这个大订单。他了解到这位厂长曾经参加过越战，还得过荣誉勋章，于是就把双方的见面地选在了一个特别的地方。

这是一家位于繁华地带的老兵餐厅。餐厅内的墙壁上挂着几支逼真的手枪模型和一幅用子弹壳拼成的行军图。在餐厅中央，还陈列着一挺锈迹斑斑的小钢炮。

一见面，销售员就微笑着说："这里的环境很特别，我曾经来过一次，不知道您喜不喜欢？"厂长微微一笑："还行，挺好的。"事实上，他刚一走进餐厅，就倍感亲切。

销售员接着说："我非常向往以前革命老前辈们经历过的那些兵刃相见的日子，要是我生长在那个年代，或许也能当个排长、连长什么的。"

厂长被他的话逗乐了，笑道："你这是站着说话不腰疼，你们这些年轻人好日子过惯了，都不知道战场上子弹是不长眼的，一个不留神，就成了枪下亡魂了。"

"这么说，难道您经历过战争？"销售员装作毫不知情，饶有兴趣地问道。

这句话立刻勾起了厂长的回忆，情绪激动地说："是啊，我参加过越战，真正的战争场面可比现在的电视剧演得残酷多了。要不是那次我机灵，就不会有这次见面了。"

"这么严重吗？说来听听，让我这个小辈长长见识。"销售员迫不及待地请求。接下来，两人开始了交谈。一个在动情地说，另一个在认真地听。

最后离开时，销售员如愿以偿地拿走了这次采购大单的合同。

博弈论中有个著名的“囚徒困境”理论，它深层次地道出了人与人之间出现不良合作的原因，就是当事人双方都站在各自的角度考虑问题。在现实生活中，我们经常会陷入囚徒困境，从利于自己的角度出发解决问题，最终让自己陷于困境中无法自拔。

我们需要掌握这样一个逻辑：当每个人只考虑自身利益的时候，只能得到对自身利益不利的结果。其实破解这样的困境，只需要将我们的出发点扭转一下即可，也就是说，作决定的时候，要从有利于对方的角度去考虑。事实证明，当每个人都这样考虑并解决问题的时候，最终的结果恰恰对自己也是最有利的。但是，对于很多人来讲，要做到这一点，实属不易，但未知的路本就不是大多数人所能开拓的，否则也不会称为困境。

人的天性里含有“自私”的基因，这在一定程度上决定了我们不可避免地会陷入囚徒困境。不破不立，为了自身的成功，我们就要打破这个魔咒，也就是我们想要从别人那里得到什么，就要先设法给对方所需要的东西，只有这样，对方才会投桃报李回报我们所需要的东西。有些时候，对方的需要即便不明显，或者没有准确获悉，但如果你满足了他们的某种“隐性需求”，带给他们某种便利，他们同样也会感激你并给予你回报。

一个漆黑的夜晚，一个盲人拿着一盏灯笼走在路上。众人皆迷惑不解，一个盲人需要打着灯笼走路吗？后来，大家弄明白了，盲人走路打着灯笼并不是为自己照路，而是为他人照路。如盲人所说："黑夜里，大家都看不见，我打着灯笼，为别人照亮了道路，同时也使别人看到我，就不会在黑暗中碰到我了。"

道理很简单，在给予别人、满足别人所需的同时，也让自己有所得。看似简单的单向输出，实际上也往往会有输入，进而形成闭环。

从功利性角度来看，主动给予别人想要的东西，满足对方所需，体现了"欲要取之，必先予之"的智慧，它要比单纯的给予更深入一层，是投其所好的给予，是恰到好处的"雪中送炭"，在饮水思源的作用下，自然会获得一个好的回报。

满足他人利益需求

如果你是一家公司的老板，那么，你要知道，激励员工的核心要点是满足员工“利”的需求。那么员工“利”的需求是什么呢？要注意，这里的“利”并不单单指利益。

美国鲁特格斯州立大学曾做过一项研究：请员工将有关工作的十个因素，依重要顺序排列出来。另有一群经理人亦接受同样的调查，列出他们认为员工会重视的十项因素的顺序。

经理人列出来的前三大因素是加薪、升迁、工作保障。而员工列出的前三大因素则是尊重、个人成长及表达意见的自由。

实际上，经理人和员工的看法看似冲突却并不冲突，可以说都是正确的，都是“利”之所需。假使员工的收入无法养家糊口，那么他们第一个列出的因素极有可能与金钱有关。

美国社会心理学家马斯洛需求层次理论告诉我们：所有人，即使不必为钱工作者，一生都在寻寻觅觅，力求满足5层不同需求：

第一层：生理的需求。这是最原始、最基本的需求，包括食物、衣服、睡眠、医疗等。

第二层：安全的需求。这是生活安全、劳动安全及工作的保障等，出于安全方面的生存需要。

第三层：归属的需求。也称为社会需求。人都想要归属于某个团体，并被其接受。家庭是我们最初接触的团体，工作伙伴又形成另一个团体。这是对亲情、友情、信任、温暖的渴求。

第四层：受人尊重的需求。每个人都希望获得别人的尊重，都希望别人感激自己的付出。如果缺乏，则会情绪低落，严重者甚至会导致抑郁。

第五层：自我实现的需求。自我实现的需求是个人最高层次的需求。人都有实现自身价值的渴求，借此展示自己在社会和生活中的有用性。当一个人达到自我实现的状态时，就会感到满足、充实和幸福。反之则容易陷入焦虑苦恼、困惑不安的情绪之中。

员工低层次的需要（生存和安全）一旦获得满足，便会开始寻求其他的满足（如归属感、受人尊重及自我实现）。需要注意的是，员工在不同时期会有不同的需求，也可能在同一时期内有多种需求。如面临裁员威胁的员工，其求生存的需要可能就比较重要，同时他们也希望能继续受人尊重。不管哪种需求，都是员工“利”的需求。

对于公司的领导者而言，要脚踏实地践行以人为本的管理要领，多关注员工“利”的需求，毕竟员工才是企业最重要的资源。对此，公司的领导者和管理者要有清醒的认识，针对员工所需，做好计划，并落实到位，让员工的合理需求得到满足。比如将公司的发展蓝图告知员工，并邀请员工参与决策；授予员工相应的权力，并保证这种权力的落实；认可员工的努力和成就，并给予其应得的奖励，激励员工接受更大的挑战；等等。

只有真心满足员工“利”之所求，员工才会产生主人翁意识，才会为公司的发展心甘情愿地贡献自己的聪明才智，才会积极建言献策，公司才会焕发生机。

以可靠的关系作助力

一提到“关系”，很多人都会往送礼、走后门、贿赂等方面想，这是对“关系”的一种误解，当然现实社会不否认有这方面的事情，但也不能由此将涉及“关系”的人和事统统打入“死牢”，事实上，谁又能脱离关系呢？人是社会性动物，总处于一定人际关系和社会环境中，事实证明，只有适应周围的社会环境和人际关系，才能很好地生活下去。

社会是由各种关系的人组成的错综复杂的群体。在社会中办各种事情几乎都离不开关系，商业活动更是如此，许多生意的成交都是通过关系达成的。在一定程度上可以说，可靠的人际关系是赚钱谋利的强大助力。

“红顶商人”、徽商代表人物胡雪岩的成功就是借助关系实现自己商业梦想的典型例子。出身贫寒的胡雪岩勤快聪颖，在当伙计的几年中，见识了世面，开阔了视野，逐渐变得圆通，交际也开始广泛。他资助王有龄成功进入官场。王有龄在官场站稳后，投桃报李，给予胡雪岩生意上一些便利条件。胡雪岩借以开了钱庄、店铺；官府的许多经费都通过他的钱庄往来流通，生意越做越大。

后来，胡雪岩又得到朝廷重臣左宗棠的信赖，被委托掌管浙江全省的钱粮、军饷，使钱庄大获其利，也由此走上官商之路。当然，胡雪岩也给予了左宗棠一些实质性帮助。正是在胡雪岩的资助下，左宗棠筹集到了收复新疆的军饷，为新疆的收复做出了贡献。

正是借助与王有龄、左宗棠等人的关系，胡雪岩的商业版图得以顺利实现，当然其中也离不开胡雪岩自身的才智和努力。

成功学大师卡耐基说："成功，15%依靠专业知识，85%依靠人际关系。"这个观点为哈佛大学的一项调查所证明。哈佛大学研究人员经过调查发现，那些被大家认可的成功人士，他们的专业能力往往并不是他们成功的关键点，成功的关键点在于他们采用的人际策略，他们花费时间、精力、财力去结交那些关键时刻可能会对自己有帮助的人，与对方建立良好的关系。

"花花轿儿，人抬人。"如果想获得事业上的成功，良好的人际关系是必不可少的。平时就要有意识地结交可能对自己有帮助的人，搭建好有能量的人脉圈。

在公平的尺度中谋求利己

先看一个“分粥”的故事：

有七个小矮人生活在一起，他们每天要分食一锅粥，但他们没有合适的称量工具，于是他们想了几种办法：

第一种办法：推举出一位分粥人，由他负责给每个人分粥。这么做的结果是，每一次分粥人分得的粥往往是最多的。最后他们得出一致结论：权力导致腐败。

第二种办法：大家轮流分粥，一人负责一天。其结果是，每个人都只在自己分粥的那一天，吃得最饱，并且还有剩余，其余的六天都饿着肚子。这一次他们得出的结论是资源浪费。

第三种办法：选择一个道德尚属上乘的人，由其负责为众人分粥。执行过程中，经常有人对分粥之人阿谀奉承。起初分粥人还能保持公平，给每个人分的粥相差无几。渐渐地，分粥人会给那些奉承他的人多分一点。由此他们得出结论：每个人都有虚荣之心。

第四种办法：成立一个分粥委员会和一个监督委员会。其结果是，公平虽然做到了，但时间过长，当粥分到手里的时候，已经凉了。他们由此得出结论：冗杂只会带来低效。

第五种办法：每个人轮值分粥，分粥后，分粥人最后一个选粥。执行该策略后，他们惊喜地发现，这回每次每个人发的粥都是一样多。

想让分粥工作既有效率又公平，不是一件容易的事情。所幸故事中的七个小矮人，通过不断尝试，最终实现了效率与公平的共赢。第五种分粥办法，中间不乏利己的成分，但并没有妨碍分粥的公平。这就涉及一个问题，那就是如何在追求公平的情况下谋求利己。

在没有精确计量手段的情况下，无论由谁来分粥，都免不了利己的嫌疑。多方的博弈过后，最切实可行的办法就是第五种——分粥者等其他人都把自己的那份粥领走后，领取最后剩下的那份。这也就为分粥者提出了一个最基本的要求——每一碗粥都要分得很均匀，否则最后剩下最少的那份肯定是分粥者自己的。只有分得均匀合理，才不至于让自己吃亏。因此，即使分粥者的出发点是为自己着想，其结果也是公平、公正的。

在保持公平的情况下谋求利己，往往涉及道德和制度问题。单纯地依靠道德，显然是行不通的，一是每个人对道德的看法和要求不一致，二是有些时候，道德禁不住利益的诱惑。所以有必要在道德的基础上加上制度的约束，最终才可能在公平的情况下实现利己。

以企业管理为例，很多企业管理者制定制度时，都在不断地重复着上述分粥的前四种方法。最后，或是造成分粥不公，影响员工的热情；或是效率不高，浪费公司人财物资源；或是给“分粥者”以可乘之机，使其有机会以权谋私。僵化落后、脱离实际、流于形式的制度规则，不仅无助于工作效率的提高、工作热情的增强，甚至可能成为管理中的枷锁和羁绊。

良性的企业管理制度既要考虑企业利益，又要考虑个人利益，要将企业利益和个人利益结合起来，体现出公平、公正之义，这样才能长久地运行下去。

公平是一种“义”。古人说，义者，利在其中，换句话说，就是利在义中，亚圣孟子将义视为谋利之本。想要谋利，先要讲义，即在坚守仁义道德等原则下，获取个人正当权益。义者可做到裁分适当，公正、公平地分配利益，包括自身之利，这样各得其所，合理而长远。反之，见利忘义，一味急功近利，谋求私利，反而不得其利。

要注意的是，公平并不等于平均，平均主义实质上是不公平的。公平所追求的是主体平等及面临机遇的均等，是一种人、事、物相宜，情、理、法相融，权、责、利相合的境界。

虽然分粥的故事未必普遍适用，但是它却让我们窥见一个极为重要的做事规则，就是只有在保持公平的情形下，才可能让自身利益的谋求获得实现，并走得长远。

第八章

圣人之道，为而不争

为而不争，不是不为，更不是无为，是“无为而无不为”，是一种高境界，同时也是一种超越群伦的智慧，很多时候，如果做到了进退有度，舍得有方，就能实现为而不争。

欲成蝶先破茧

有一种菌类，生长在潮湿阴暗的角落，没有阳光的照耀，也没有肥料的滋养，生与灭靠的全是自己，它只有努力生长，等长到足够强壮的时候才会被人留意。

这就像职场的新人，初入职场，受不到足够的重视，得不到丰厚的报酬，跑腿打杂的同时，还要接受各种无端的批评指责，甚至要代人受过。直至经过一番磨砺，其境况才有所改变，新人变老人，成长了起来。

有人将新人的这种境遇和成长过程称为“蘑菇定律”或“萌发定律”，喻指初入世者常常被置于阴暗的角落（不受重视的部门、打杂的工作），像蘑菇一样自生自灭，唯有自强自立，成长起来，才能受到人们的关注，境遇也才能获得改善。

刚刚踏入职场的新人，对工作常常抱有不切实际的幻想，期望着一份挑战与乐趣并存、薪酬与自由兼顾的工作。而事实上，初涉职场的年轻人因缺乏技能和经验，往往很难被委以重任。当期望与现实发生冲突时，很多职场新人通常会失去对工作的热情，开始敷衍起来，甚至破罐子破摔，这样就形成了恶性循环。正确的做法是端正心态，重视现实，从“小”做起，踏踏实实向“前辈”学习技能，积累经验，一步步成长。

从管理学的角度来看，无论一个人天赋有多高，学业背景有多好，都需要从基层小事做起，只有从基层小事做起，才能深入了解企业生产经营的整体运营情况，积累经验，日后工作起来才能得心应手。从基层小事做起，还可以接受一定的磨炼和考验，培养出职场所需的韧劲、耐力和担当等职业精神，利于后续的成长。

卡莉·费奥瑞娜毕业于斯坦福大学法学院。毕业后在一家地产公司当一名普通的助理员，每天的工作内容就是打字、复印、收发文件、整理文件等杂活。卡莉的父母及亲戚朋友对她的工作很不满意，认为这些工作不是一个斯坦福大学毕业生应该做的事，不但薪酬低，而且遭人歧视。但卡莉本人对自己的工作却没有丝毫的不满意，她认为，无论什么工作，都要从基础做起，一点点地获得进步，至于受同事的排挤，她将之视为一种可贵的磨炼，所以，不管别人怎么说，她始终坚持边努力工作边认真学习。

时间久了，卡莉·费奥瑞娜踏踏实实的工作作风获得了同事们的认同，他们不再排挤和刁难她，而是诚心诚意帮助她，教她一些实用的工作技能，而卡莉·费奥瑞娜则认认真真地学。没错，这位卡莉·费奥瑞娜就是惠普公司的前

CEO，被尊称为世界第一女 CEO。

因此，当进入一家并不满意的公司，或者被分配在某个并不理想的岗位、做着无聊的工作时，首先要做的就是端正心态，学会适应。改变环境的前提，是先适应环境，而不是等环境来适应你。

职场是个讲究论功行赏的地方，没有创造高价值，却妄想身处高位，获得高报酬，好高骛远，不切实际，必然无法获得满足。人贵有自知之明，一切不切实际的幻想，终将被现实无情地击碎。

作为初入职场的新人，接受职场的磨炼是十分正常的事，不立足实际却想一步登天必然要遭受挫折。想快速成长起来，就要谋划如何让痛苦升华，如何化悲愤为力量，把自己的生命能量用到更有创造性的地方，才能进入人生的另一重天地。

善争者以不争取胜

世界上任何事物都是矛盾的统一体，既对立又统一，自然界如此，人类社会亦如此。所以好与坏、美与丑、高与低、舍与得都是相对的，在一定条件下，是可以相互转化的。这就提醒我们，在实现人生理想、追求人生目标的过程中，要辩证地看待问题和处理事情。

职场是一个小型社会，充满挑战与竞争。有的人善于竞争，在众多竞争者中脱颖而出，成为佼佼者；而有的人不善于竞争，常被边缘化，基本与加薪晋升绝缘，甚至被淘汰出局。

既然任何事物都是矛盾统一的，那么就要辩证地看待竞争。老子在《道德经》中说："天之道，不争而善胜。"直译过来就是：天下的道理，不争往往会经常取胜。这句话内涵丰富，充满哲思。有些时候，争是为了不争，而不争则是为了争；千方百计去争，最终未必争得到，而有谋略地避而不争，以退为进，最终反而获得了胜利。事实也确实如此。

王翦率大军出发前，向始皇嬴政要钱要地。表面上看，他是在争利，但他的真正目的却不在此，正所谓“醉翁之意不在酒”也，他是通过“争”的形式来寻求自己和自己家族的现世安稳。“争”只是表象，是谋略，是实现目标的手段。这就是“不争而争”。

再举个“不争而争”的例子：

三国时，魏大将司马懿因成功抵御了蜀汉的进攻，威望提高，获得重用。魏明帝曹叡病重，临死前，他让司马懿和大将军曹爽共同辅佐太子曹芳。

曹叡死后，8岁的太子曹芳即位，是为魏少帝，司马懿和曹爽共同执掌朝政。曹爽依仗自己是皇室宗亲，处处排挤司马懿，想独揽大权。司马懿老谋深算，没有与其针锋相对，而是以退为进，宣称自己身体不适，在家休养不理朝政。真实的情况是，表面上司马懿不与曹爽争权夺利，暗地里却利用自己培植起来的势力，处处给对方制造麻烦、下绊子。

为了让曹爽更“放心”自己已经无心、无实力与其竞争，司马懿甚至装出命不久矣的假象，并且成功骗过了对方，让对方放松了警惕。不得不说，与曹爽的争斗，司马懿煞费苦心。

公元249年正月，魏少帝曹芳出城祭陵，曹爽携亲信随同前往，没有在洛阳城里留下亲近自己的力量。司马懿见时机终于到来，于是带着儿子司马师和司马昭发动兵变，接管了曹爽统辖的军营，然后假借太后的诏令逼迫曹爽交出兵权。

之后不久，司马懿就下令杀了昔日的政敌曹爽、曹羲、曹训等人，至此，两人的争斗以司马懿的完胜而宣告结束。

王翦和司马懿都可以称为善争者。善争者通常城府深，做事不轻率、不盲动，常将内心的真实意图隐藏起来，代之以各种假象，是个好演员。当然，“善争而不争”不止于这一种表现形式，还有其他形式。比如替领导“背黑锅”。

秘书将应该由领导处理的文件及时交到了领导手里，并提醒领导下午开会要用。可领导却忘记处理了。等需要这份文件时，领导才想起来，可是已经来不及了。众目睽睽之下，领导将秘书一顿训斥，批评他误了事。委屈的秘书完全可以反驳，也可以说清责任并不在自己身上，可是他却忍辱负重，选择了沉默，老老实实地接受了批评。

领导自然知道委屈了对方，他对秘书替自己“背黑锅”的做法很感激，也很满意，在以后的工作中，领导有意培养这名秘书。一年后，领导晋升，在接班人选上，他毫不犹豫地提拔了秘书接替自己的位置。

“善争者不争，善争者不战”，要想在激烈的职场竞争中获胜，成为其中的佼佼者，就要提高对竞争的理解，不要一味为争而争，急功近利，不求方法，这样反而欲速不达，要学会适时“慢下来”，把目光放长远，要做善争者而不做盲动者。

做一个主动求职者

人在社会中谋得一个理想的职位并不是一件容易的事情。对于大多数人来说，求职时，要积极主动，多方收集信息，适时变通，做好每个环节，才可能求职成功。

在收集求职信息方面，要详细了解求职行业的现状。一份职业摆在面前，它是否适合自己的专业、特长、爱好，自己能不能做好，工资待遇如何，该职业将来的发展前景如何、晋升空间有多大，都很重要，对此要有所了解和把握，然后决定是否应聘。

此外，所要应聘的公司的基本情况如何，对于求职者来说也尤其重要，所以有必要了解一下所应聘公司的情况，包括公司的规模、实力、业务范围以及运营情况。

如果找不到自己所中意的公司，或者就业市场不好，就要学会变通，毕竟市场是客观的，而人是主观的，要学会适应环境，而不能要求环境适应你。要学游泳，总要先下水。所以，不妨先尝试着加入进去，然后寻求发展，机会总是有的。

一个计算机博士辛苦了几年，总算毕业了。可是，虽说是响当当的博士，却一时难以找到合适的工作。他详细研究了近几年的毕业生就业情况和当下的就业环境，决定降低目标，找一份相关的基础工作去做。于是，他收起了所有的学位证明，然后以一个很低的身份去求职。

很快，一家公司录用他做程序输入员。这份工作对于他来说十分简单。不过，他还是一丝不苟、按部就班地干着。没多久，公司老板发现这个新来的程序输入员非同一般，他竟然能看出程序中的错误。这时，这位博士掏出了自己的学士证书。老板很爽快地给他换了个与大学毕业生相对应的岗位。

又过了一段时间，老板发现他还能时常提出许多独到而有价值的见解，这可不是一般大学生的水平呀！这时，这位博士又亮出了自己的硕士学位证书，老板看了之后又提拔了他。

博士在新的岗位上干得很出色，老板觉得他还是和别人不一样，能力非同小可。于是，老板把他找到办公室，进行询问，这时，博士拿出了自己的博士证。老板这时对他的能力有了全面的认识，毫不犹豫地重用了他。

就这样博士以退为进，步步为营，凭借高明的谋划，终于获得了成功。

总之，求职要注意以下几点。

首先要学会主动推销自己。绝大多数工作都是因岗找人，而不是因人设岗。所以，求职时如发现自己心仪的工作，不要等对方找你，而要主动推荐自己。

其次要注重形象。去面试时，要修饰一下自己的仪表，穿着要整洁得体，言行举止要落落大方，争取给人留下良好的第一印象。介绍自己时，要言简意赅、不啰唆，最好能针对对方的要求叙述出你与所应聘的工作相匹配的经历，这是十分重要的增分项。

再次要懂得变通。工作总有不合自己预期的方面，如工作地点、工作环境、工作时间，或工资待遇、岗位现状，等等，这个时候，要认真斟酌，考虑相关因素，必要的时候，要适当取舍，作灵活变通。就像前面那个计算机博士，在形势不利的情况下，先“大材小用”，然后在工作中寻找机会展现自我，步步为营，最终走上理想岗位。

最后要了解清楚所应聘岗位的情况和自己的实际情况是否匹配，确认一下新工作是否适合自己。虽然说求职要主动，但是也要合适才好。要努力找寻适合自己特长、性格的职业。如果发现匹配度很低，也不要勉强。毕竟工作不是今天干明天不干，要相互匹配才好。

谋得领导的青睐

职场中，要想获得晋升，争取到某个心仪的岗位，领导的意见和推荐至关重要，在一定程度上左右着你的仕途，所以要尽己所能谋得领导的青睐，可尝试从下列几方面进行：

（1）积极接受工作安排。几乎一切工作都是从接受上司的工作安排开始的。当上司安排任务时，要注意倾听，需要记录的话，要及时记录。听的时候，不要打断上司的话，可边听边总结要点，明确完成工作的期限和主次顺序。为了更好地理解上司的意图，可以就重要部分或没有理解透彻的地方请上司解释一番。如果对工作有其他看法和意见，也可以酌情提出来。

（2）工作上能独当一面。能力是工作的核心要素，在工作上若能够独当一面，获得上司的欣赏，晋升的概率就会很大。那么如何在工作上表现出能独当一面呢？

首先要能胜任本职工作，能熟练解决工作范围内的问题。其次要有自己独到的见解。能时不时提一些见解独到的创新性意见或建议，即便这些意见或建议没有被采纳，也会给领导留下好印象。最后要有担当精神。敢于担当是一名员工不可或缺的优秀品质，是其在企业长久发展的根本。所以，对应该负担的责任，不要逃避，而要主动去接受和承担。

（3）灵活处理领导决策。决策是对未发生事务的应对和处理，有一定的风险性。作为员工，当发现领导的决策有偏差时，如何做呢？当面指出显然不合适，因为那样会有损领导的颜面。事不关己高高挂起，听之任之显然也是不对的。正确的方法是灵活处理，可根据具体情况，私下找领导沟通交流，或选择合适的场合给领导暗示，等等。

（4）慎重提建议。向领导提建议要慎重。之所以要慎重，是因为如果你的建议被采纳，可能会引发一系列结果。其结果可能好，也可能坏。事情会由此变得复杂。如果不被采纳，也可能触动领导的某些想法，进而引起某些变化。因此，只有当你确认你的建议或意见很有价值时，才宜提出来。从领导的角度来看，如果你的建议出发点是好的，且很有价值，那么通常他会慎重考虑，同时会提高对你的良好印象。

（5）主动汇报工作。下属的汇报有利于领导掌握情况，并及时做出工作调整和安排，因此向领导汇报一定要主动并及时，要在领导还未催促之前就把应汇报的工作情况汇报上去。如果总是在领导催促之后才仓促去汇报，必然会给领导留下不好的印象。

（6）妥善帮同事处理问题。对自己职责范围以外的事情，可根据具体情况灵活处理。若同事请求帮忙或配合工作，则要积极给予配合。若同事没有请求，或同事不在，则不要越俎代庖，轻易插手同事的工作。一方面要体现担当的精神，另一方面也要注意搞好团结。对这样既有担当精神又懂得团结的员工，领导自然是要高看一眼的。

总之，要想获得领导的青睐，既要努力工作，将本职工作做好，又要和领导、同事处好关系，谨言慎行，保证言行不错位、不走样、不偏激、不过分，用实际行动赢得领导的青睐、同事的信任。

遵循职场规则

职场的基本规则有哪些？尊重领导和同事，和同事友好往来，工作上相互配合，自不必说，除这些最基本的规则外，还有一些“隐藏”的规则也十分重要，如果忽视了、僭越了，必然会受其“反噬”，给自己工作设置障碍，让自己仕途不顺，所以一定要引起重视，那么这些“隐藏”起来的规则有哪些呢？下面列出一些以供参考。

（1）不可锋芒太露。有能力、有才华固然是好，但是应用的时机和场合不当，不管条件具备不具备，场合适宜不适宜，一味显露、标榜，这样的锋芒毕露不但不会为自己赢来美誉，反而可能还会惹祸上身。杨修卖弄聪明致身死的遭遇就是个很好的例子。

在适当的场合显露一下锋芒，既有必要，也理所应当，但要注意锋芒可以“刺伤”别人，也会“刺伤”自己，所以显露时应该小心翼翼，没有必要的时候要及时“收回”。

（2）不在其位不谋其政。职场中，要懂得分寸。属于自己工作职责范围内的事情，责无旁贷，尽心尽力去完成。工作之外的事情，不该牵涉的尽量不要参与其中，尤其不要以“内行人”“明白人”，或居高临下的姿态对同事的工作指指点点。即便同事诚心诚意地恳求帮忙，也应掌握好分寸适可而止，不可越俎代庖。

（3）不可厚此薄彼。与熟稔的同事说说笑笑，亲密无间，要求配合的工作也积极配合，而对不熟悉或者有矛盾的同事视而不见，见面不打招呼，形同路人，该配合的工作也推三阻四，不积极配合。这种“厚此薄彼”的关系一方面会影响和同事的交往与合作，另一方面也不为公司所接受，所以，不可厚此薄彼，要公私分明。

（4）公、私事要分明。很多人习惯公私不分，常常将私事和公事混为一谈，这是职场的忌讳。要谨记，公事就是公事，私事就是私事，即便你和同事再要好，也属于私交，不要让你们的关系影响彼此的工作。工作中，要秉持公私分明、先公后私的工作态度。

（5）不可拉帮结伙。拉帮结伙，搞“小团体”，是几乎所有公司所不允许的。原因是多方面的，所以，不要在公司搞“小帮派”“小团伙”，也不要加入某一阵营，要做到不加入、不参与，努力做好本职工作。

（6）不要背后说同事的坏话。和同事私下聊天时，不要论人是非，特别是说领导的坏话。一是会降低自身的形象。同事会认为，既然能在背后说他人，那么也会在别人面前说自己。

二是你所说的话可能会传到对方耳中，进而影响你和对方的关系，所以即便和要好的同事，也切忌随意背后论人是非。

（7）谈论不要涉及隐私。同事之间天南海北都可以聊，但一定要有分寸，不要谈涉及隐私的事，不要将自己的隐私告诉对方，也不要轻易打听对方的隐私。即便同事主动告诉你他的隐私，也不要轻易发表看法和意见。

要想谋得和同事、领导的和谐关系，就要多注意一下这些职场潜规则，凡事多作换位思考，己所不欲勿施于人，力争做到“慎思之，明辨之，笃行之”。

争取跨入晋升的行列

绝大多数职场人士在步入职场后都有想晋升的心理，毕竟人人都想往高处走，但职位总是有限的，所以竞争是不可避免的。在激烈的职位竞争中，明争暗斗是常有的事，你不去谋划，不去努力，是不会有人把机会送到你面前的，所以要想获得晋升，好好筹划和准备是非常必要且重要的。历史上的一些例子会告诉我们事先谋划和准备有多重要。

在继承人的人选上，曹操曾一度想撤换掉曹丕，让更有才华、更受自己器重的曹植上位。曹丕知道消息后，忙找来心腹谋士商量。谋士根据曹操为人处世的原则，给曹丕的建议是：你要像个寒士那样做事，兢兢业业，不要违背做儿子的礼数。曹丕深以为然，决定依计而行。

一次曹操带兵出征，饯行宴上，曹植发挥所长，为父亲朗诵了一篇歌功颂德的文章，曹操听了十分赞赏。而曹丕则一言不发，只伏地而泣，跪拜不起。曹操很奇怪，就问曹丕为何不发一言，曹丕哽咽着说："您年事已高，还要挂帅亲征，作为儿子，我心里既担忧又难过，故而说不出话来。"曹操顿时被感动得热泪盈眶。

曹丕才华不如曹植，却懂得扬长避短，在对己不利的形势下，以孝藏拙，成功感动了曹操，最终在"夺嫡之战"中胜出。

有人的地方就有江湖，有江湖就有纷争。职场是一个小型社会，也是一个"江湖"，处处充满竞争。在晋升的竞争上，尤其激烈，有时甚至可以用"你死我活""惨烈"等词语来形容。很多时候，职位的晋升，一方面取决于单位的领导、同事，另一方面也取决于自身，因此要"内外双修"，才可能获得成功。事实证明，职场中，从下列几方面着手，能在很大程度上提高领导的赏识、同事的认可，晋升的机会由此大大增加。

（1）工作上表现出潜力。每个岗位的设置都是用来解决问题的，而不是制造问题的。对于领导来说，他自然希望自己的公司或部门做出卓越的成绩，拿出一些光彩的东西来，所以工作能力的提升理应排在首位。工作能力不是天生具备的，也不是可以一日千里的，有个循序渐进的过程。平时要多钻研行业知识、多实践，切实提高解决问题的能力，此外，更为重要的一点是，要让领导和同事"看出"自己工作上的努力和提高。

（2）谋求上级领导的赏识。在一定程度上，上级领导对下属员工的升降有着很大的发言权，甚至起着决定性作用，所以要想顺利获得晋升，谋求上级领导的赏识是非常重要的一环。要想获得上级领导的赏识，一是要具备较强的工作能力，二是和领导的关系要融洽。

（3）与同事建立融洽的关系。在晋升的路上，同事的认可也是非常重要的。正所谓民意不可违，如果某个人工作能力很强，但和同事关系不好，没有获得同事的认可，那么即便领导想提拔重用他，也不得不有所顾虑。所以，要与同事建立融洽的关系。

（4）善于捕捉和争取晋升的机会。晋升的机会不是随时都有的，当晋升的机会出现时，要及时捕捉。平时要有意提高发现和洞察问题本质的能力。捕捉到了晋升的机会，只是第一步，接下来还要提高有利于自己晋升的概率，比如完成别人没有完成的任务，解决他人没有解决的问题；提高自己的影响力和知名度；与能左右晋升的人员处理好关系；等等。

总之，在职场中，要想获得晋升，一要靠高效率的工作能力和精湛的专业知识，为公司排忧解难；二要靠和谐的人际关系，特别是要获得领导的青睐和认可。两者要双管齐下，缺一不可，只有两者都达到了，晋升之路才可能顺畅。

善于捕捉晋升的机会

机会虽然带有偶然性，但也不是天马行空、无迹可寻的，而是有一定规律可循的，只要善于发现和谋求，那么你与机会的距离就会越来越近。对于一个职场人来说，要想顺利获得晋升，同样需要善于发现和谋求。

1. 发现和把握晋升机会

一个人的职业生涯是否顺畅，在一定程度上与发现和把握机会息息相关。

（1）善于发现晋升机会。

机会就存在于我们的日常生活中，谁也无法预知它来自何方，以什么面目出现，而且它常常乔装打扮以问题的面目出现，如新产品打不开市场、某个技术难题攻克不了、眼看到手的订单迟迟签订不了，这些事情既是问题，也是机会，如果能将它们解决好，就为晋升提供了良机。平时要有意识地锻炼自己的洞察力。

（2）善于把握晋升机会。

机会无处不在，却又稍纵即逝。大凡事业成功者，都善于发现和把握机会，从不轻易放过任何一次机会，哪怕是不起眼或者是稍有不慎就会遭厄运的机会。这就提醒我们必须善于把握机会，在机会降临时，及时地抓住它。

2. 善于谋求晋升机会

要想晋升成功切不可一味等待机会上门，而要主动谋求，争取将机会牢牢抓到手。

（1）选择提拔机会较多的单位和部门。

在单位和部门的选择上，应当选择那些提拔机会较多的单位和部门。如宣传部门、销售部门、人事部门等。到这样的单位和部门工作，晋升的机会相对较多。

（2）选择有利于晋升的上司。

上司在一定程度上能左右员工的仕途，所以选对上司对获得晋升十分重要。一般情况下，上司是不能由自己选择的。但是，可以创造条件去接近心目中认定的比较理想的上司。

（3）处理好领导关心的工作。

领导关心的事情，通常是关系全局利益的较急、较难、较重的工作任务。如果能以自己的才智和干劲，把领导关心的事情处理好，那么，自然会在领导心目中留下良好且深刻的印象，晋升的机会自然也就随之提高。

3. 善于创造晋升机会

机会在一定程度上是可求的。俗话说：愚者丧失机会，弱者等待机会，智者把握机会，强者创造机会。强者可以通过自己的努力，创造有利于自己晋升的机遇。

（1）主动承担额外的责任和挑战。这会让领导和同事看到你的担当精神和工作能力，为晋升提供了重要机会。

（2）持续提升工作技能。能力是工作的核心，对于大多数人来讲，能胜任工作是最基本的要求之一。持续不断地通过学习提升工作技能会让领导和同事看到你的潜力。

（3）适时展现领导才能。如协调能力、决策能力、管理能力以及组织能力等，会让领导和同事相信你有能力胜任更高级的职位。

（4）建立良好的工作关系。良好的人际关系是工作能力的重要补充，与领导和同事及其他相关人员建立良好的工作关系，有助于你工作的顺利开展，获得更多的支持和机会。

（5）积极进行有效沟通。沟通能力是工作能力中很重要的一项，无论是向上级汇报，还是与同事合作，抑或与客户互动，都离不开积极、良好的沟通。沟通得好、到位，会大大有助于工作的顺利开展和良好人际关系的建立，同时也为晋升提供了重要机会。

机会是无处不在的，可遇又可求，但是只有珍惜它的人才知道它的价值，也才知道积极做好准备，创造条件，等待它的到来，并在到来时成功抓住它。

机会青睐有准备的人

在日常生活和工作中，往往会遇到一些紧急事件，需要当机立断，立马处理。如果这些事需要你来处理，或者恰好被你赶上了，你及时而恰当地进行了处理，很快让问题得到了妥善解决，在这个过程中你表现出高超的才能。这对于你来说，自然是一个展现自我的好机会，但要想成功解决问题，需要你平时做好充分的准备。

机会实际上是无处不在的，但是它的确不是免费的午餐，唾手可得，它青睐于有准备头脑的人，正如法国微生物学家、化学家巴斯德所说："机遇只偏爱那些有准备头脑的人。"

让我们回顾一下抗菌神药青霉素的发现。

青霉素最早的发现者是英国细菌学家亚历山大·弗莱明。在发现青霉素之前，弗莱明对溶菌酶进行了大量的研究，并取得了一些宝贵成果。1928年7月，弗莱明与家人一起外出度假，出发前，他将所有的葡萄球菌培养基放到了实验室的一个架子上。度假回来后，弗莱明发现一个培养基旁长出了青绿色霉斑，这种青绿色霉斑是一种真菌，此外，他还发现这种真菌将它周边的葡萄球菌杀灭了。

弗莱明随即意识到这和他研究的溶菌酶抗菌有些类似。随后，他将这种真菌接引到一个干净的培养基上。在之后的试验中，他惊喜地发现这种青霉菌具有强大的杀菌作用，强大到即使被稀释上千倍，也具有非常强大的杀菌力。

弗莱明经过分析后推断，真正起杀菌作用的应该是这种青霉菌生长过程中分泌的代谢产物，他将这种物质称为“青霉素”。青霉素就是这样被看似偶然地发现了。

看似偶然，实际上却并非如此，试想一下，如果弗莱明事先没有对溶菌酶和葡萄球菌做大量的研究，有一定的心得，或者对培养基旁长出的青绿色真菌视若无睹，那么他还能成为青霉素的发现者吗？不可能的！这一切皆因为弗莱明有一颗有准备的头脑。

爱迪生经过无数次试验，尝试了上千种材料，终于发现钨丝可以做灯泡的灯丝，看似偶然所得，但是如果不坚持试验，不做大量的准备，会有这偶然的发现吗？答案是不可能的。

姜子牙渭水垂钓，终于等来了周文王姬昌。如果没有事先的谋划，怎会有这历史性的一刻！诸葛亮躬耕于南阳，高卧隆中数十载，终于等来了刘备三顾茅庐，进而出山辅佐刘备争得三分天下，能说诸葛亮没有准备和谋划吗？不但不能说，反而应说他在机会到来之前心中早已谋划好了一幅蓝图，并做好了迎接的准备，在一定程度上可以说，后来发生的一切都在他们的谋划和意料之中。

要想在机会到来时，能稳稳当当地接住，不与成功擦肩而过，平时就要有所准备、有所谋划，并做好各项准备。

首先要肯付出辛勤的努力。机会只属于流下辛勤汗水的人。正所谓“台上一分钟，台下十年功”，不付出必要的努力，不用心谋划，如何能登上万人瞩目的领奖台。

其次要努力提高自身的见识和洞察力。只努力是不够的，如果犯了南辕北辙的错误，越努力离成功反而越远。解决的办法就是切切实实地提高自身的见识和洞察力，提高对事物的认知和判断，只有保证方向、方法无误，努力才有意义。

再次要努力提高创新能力。创新是取得成功的重要因素。要想获得较大的成功，就要有一定的创新，包括创新方法、创新思路、创新模式、创新流程，总之要推陈出新，凭借新思路、新方法、新模式跃上新台阶，取得新成绩。提高创新能力，一要保持独立思考的习惯，对相关事物，特别是新事物，要给予足够的关注，不断思考。二要积极开展创新实践，寻找创新突破口。三要不断学习和积累，不断吸收新知识，不断感悟，厚积薄发，扎扎实实推进创新之路。

最后要保持耐心。机遇不是我们想要就来的，它需要多种因素齐备，方可能“降临”，所以我们要保持耐心，为每一个可能性做好认真准备。平时修炼好“内功”，不侥幸、不焦躁，充满信心，踏踏实实往前走，静等时机的到来。

可能平时辛勤的付出以及诸多努力都没有派上用场，但是这并不代表我们不需要做好准备。只有有所准备，当机会来临时，我们才能将其抓住，而不是与之擦肩而过，徒留遗憾。可以说，做好当下的每一次准备，就是为自己的未来负最大的责任。

做一个懂领导的下属

在工作单位里，领导的好恶有时会决定一个人的“仕途”，和领导关系不好，合作不愉快，可能就会失去许多发展的机会；反之，和领导关系好，成为领导信得过的“自己人”，就会得到领导的器重，就会为自己谋得一个好职位。

人与人相处，是人际关系学中的重要内容，是为人处世的学问。下属与领导关系微妙，要想成为领导眼中有培养价值的人，提高晋升的概率，就要做一个“懂”领导的下属。

上级对下级最看重的一条就是看下属是否对自己忠心，虽然说这有些拿不上台面，但却是客观实际的。比如一些单位的司机都是领导的“自己人”。如果不是“自己人”，一些在车上的私密谈话、外出办的一些私事被说出去，会造成不利影响。

因此要想被领导视为“自己人”，很重要的一点就是要适时用行动或语言来表示对领导的信赖、敬重和忠心。如领导在工作中出现失误，千万不要像旁人持幸灾乐祸或冷眼旁观的态度，而要设身处地地为其着想，该担责任就担责任，不能担责任就帮着分析原因，出谋划策，妥善解决问题。对你所做的一切，领导自会看在眼里，记在心中。

作为单位的管理者，领导的政绩与单位取得的业绩息息相关。因此，工作能力强弱是领导对下属的一个重要评判标准。这就是领导通常都很赏识聪明、机灵、有头脑、有创造性的下属的原因。试想一下，当某项工作陷入困境时，你若能大显身手，定会让领导格外器重你。所以，要想获得领导的青睐，平时要努力提高自己的工作能力。一旦被领导认为是无能无识之辈，那就很难让领导高看一眼了。

另外，工作上取得成绩后，要懂得把功劳让给领导和同事。对此，很多人想不通，会认为自己辛辛苦苦努力工作，终于取得了成绩，反而将功劳让出去，心里感觉不平衡。这是人之常情。但是如果站在更高的层面上看，上面的做法是对的。

首先，个人成绩的获得多半离不开领导和同事的支持和帮助。其次，若大度地将功劳让给领导和同事，会让对方感到你有宽广的胸怀和极高的情商，特别是领导会由此对你青睐有加，在以后，少不了再给你更多建功立业的机会。反之，如果只着眼于眼前，急功近利，大概率是不会获得领导好感的。

虽然要与领导搞好关系，但是也要与领导保持一定距离。通常领导不愿跟下属关系过于密切，主要是顾忌别人的议论和看法，再就是怕会影响他在下属心目中的威信。对于下属来说，与领导走得过近，容易卷入一些不该有的是是非非中，甚至惹来不必要的麻烦。因此，作为下属，应多了解领导的工作作风和习惯，少掺和领导的生活私事。就工作上的事，要多找领导沟通，但不要领导走到哪儿就跟到哪儿，不要成为领导的“跟屁虫”。

工作中要接受领导的建议、意见，甚至批评，可是也应有自己的独立见解和做事的底线。要耐心倾听领导的意见、建议，发表自己的看法和意见时，哪些话该说，哪些话不该说，要有所选择，同时要讲究表达的艺术。

自矜其能不如推功于上

关于“推功于上”，有下面这么一个历史故事可资借鉴：

龚遂是汉宣帝时期一名贤良能干的官吏，为人忠厚，性格刚毅。渤海郡一带灾害连年，百姓不堪忍受饥饿，纷纷走上反抗的道路。当地官员镇压无效，束手无策，众人推荐龚遂前往镇压，于是汉宣帝任命龚遂为渤海太守，前往渤海郡治理叛乱。

龚遂单车简从赴任。到任后，他下令撤回逮捕盗贼的文书，劝勉反抗的百姓放下武器，垦田种桑，规定农家每人种一株榆树、一百棵薤、五十棵葱、一畦韭菜，养两口母猪、五只鸡。同时打开官仓，将粮食分发给众人。另外，选拔起用有德行的官吏，管理郡内事务。

经过几年时间的治理，渤海郡一带盗贼踪迹全无，社会安定，百姓安居乐业，一派平和景象。龚遂由此声名鹊起。汉宣帝征召龚遂还朝。议曹（郡守的属吏）王生请求龚遂准许他同往。其他属吏却不同意，认为王生喜欢喝酒，又好说大话，带去京城恐耽误事。可是龚遂说：“他想去就让他去吧。”

到了京城长安后，王生终日沉溺醉乡，也不去见龚遂。一天，汉宣帝下旨召见龚遂。龚遂进宫面圣之前，王生来见龚遂。一见面，王生就问龚遂：“天子如果问大人如何治理渤海郡的，大人当如何回答？”

龚遂没有犹豫地说：“我就说任用贤才，各尽其能，严格执法，赏罚分明……”

听到这里，王生连连摆手道：“不妥，不妥！这么说岂不是自夸其功吗？请大人这么回答：‘这不是小臣的功劳，而是圣主的恩德所致！’”

随和的龚遂接受了王生的建议。在汉宣帝询问渤海郡治理情况时，龚遂按王生的话回复了。汉宣帝十分高兴，认为龚遂有谦让的美德，于是当即委以重任。

如果龚遂按照自己当初那样想的如实回复汉宣帝。汉宣帝虽然也可能心情愉悦，毕竟问题得到了有效解决，但必然不会像按照王生所建议的那样回复而龙颜大悦。人都是有虚荣心的，皇帝自然也不例外。因此虽然汉宣帝明知道这句话是有水分的，但也非常高兴。

与龚遂不同，在创建西汉中立下汗马功劳的韩信却自矜其能，结果惹祸上身。当刘邦问他：“你看我能带多少兵？”韩信口无遮拦地说：“陛下最多带兵不能超过十万。”刘邦接着又问:“那么你呢?”韩信洋洋自得地说:“我嘛，自然多多益善。”这样的回答，让刘邦怎么能不耿耿于怀呢?

有一些领导者认为:既然我是领导，那么下属所做的任何努力，所获得的成绩，都离不开我的支持和帮助，所以下属的成绩和功劳都应该归属于我。

且不论这样的话有多少合理的成分，就下属而言，如果真能“推功于上”，做到将自己的成绩、功劳“让”给领导(至少表面上这样做)，相信大多数领导会心知肚明，知道下属是在往自己脸上贴金，让自己有面子，进而多半对下属产生感激之情，接下来自然也会投桃报李，找时机予以回报。

反之，不懂“推功于上”，凡事自恃其能，急功近利，将功劳统统揽到自己身上，眼中没有领导，即便再有能力，取得的功劳再大，也不会获得领导的青睐，势必给自己的“仕途”徒增障碍。所以，一个聪明的下属总是会“推功其上”，借此获得领导的好感和青睐，为自己的仕途谋划一个好的起点。